ソニー破壊者の系譜

超優良企業が10年で潰れるとき

原田節雄
Harada Setsuo

さくら舎

まえがき――社長報酬8億円とリストラ8万人

ソニーのＤＮＡ（遺伝子）とは何だろうか？　それは創業者の井深大《いぶかまさる》氏が会社設立趣意書に記した四文字「自由闊達《かったつ》」の一語に尽きる。そのＤＮＡが変質した。戦後の焼け跡ベンチャーとして東京の下町に産声をあげ、木造2階建ての小さな社屋から瞬く間に年商10兆円に迫る国際的な大企業へと成長した世界の異端児、技術のソニー。だが、その凋落《ちょうらく》が止まらない。期末ごとに繰り返される業績予測の下方修正。かつての世界の異端児も、今ではふつう以下の凡庸な人、朽ち果てたベンチャーに成り下がってしまった……なぜ？ソニーの誕生から今日までの歴史を知る人なら、誰もが同じように抱く疑問だろう。

構造改革という意味の用語「リストラ」が、企業の従業員（社員）解雇の意味として使われるようになって久しい。希望退職に名を借りたソニーの一連の大量人員削減。それは出井伸之《いでいのぶゆき》氏が社長の時代、１９９７年の大規模リストラに始まった。かつて「社員をリストラしない会社」を標榜していたソニー。しかし、海外および国内の関連企業を含めて、ソニーがリストラ目標として発表した人数が8万人になろうとしている。延々と繰り返されてきた結果の8万人のリストラ！　社内に設けられたリストラ対象者の隔離部屋「キャリア開発室」……そこは一部の社員から「ガス室」と呼ばれている。出井氏以降の歴代のソニー経営者たちは、〝21世紀のアドルフ・ヒットラー〟とでも呼ばれるべき独裁者なのだろうか。

　答えにくいことには答えず、自分を批判する者は社会的かつ経済的に徹底的に追い詰めていく。社会を動かす人たちに、そういう傾向が目立つようになった。路頭に迷う大勢の元ソニー社員たち。その大量解雇の陰で、年間数億円という巨額報酬を奪い続けてきた、出井氏以降のソニー経営者たち。出井氏が後継者に指名したハワード・ストリンガー氏に至っては、ソニー社長として累積1兆円近い最終大赤字を垂れ流しながら、7年間にわたり毎年8億円ほどの巨額報酬を奪ってソニーを去った。大勢の社員を犠牲にしながら、躊躇《ためら》いもなく数億円の報酬を奪い続ける経営者たち。数十億円だとも噂される彼らへの退職慰労金の額は、秘密結社のような取締役会報酬委員会の闇の中である。年に一度の株主総会でさえも、沈黙と迎合の舞台になり、まったく機能していない。

　そうして２０１５年、ソニーは創業後の株式上場以来、初の無配当会社へと堕ちていった。いったい、ソニーに何が起きているのだろうか。企業や国家の経営の失敗――それは決して戦略の誤りや環境の変化が原因ではない。それらは見える現象としての原因にすぎない。そのほんとうの原因は、組織トップの「**私利私欲と無能無策**」である。その人災こそが、見えない本質としての原因である。なぜソニーの経営者は、これほど高額の報酬を得るようになったのだろうか？　なぜソニーは、これほど大量の社員をリストラする事態に陥ったのだろうか？　非常識の塊の似而非《えせ》経営者にとって、**私欲の巨額報酬化**が目的なら、その手段は**仲良しグループによる密室経営**になり、**名目の黒字収支化**が目的なら、その手段は**人員削減と資産売却**になる。社長報酬8億円とリストラ8万人の非常識……それがソニーのここ20年の姿なのだ。たとえソニーの経営の今後が、金融・保険・娯楽を主事業にして黒字に転じたとしても、それまでの経営者の愚行と非常識は、永遠に語り伝えられるべき教訓となるだろう。

ソニーに40年余り勤務した筆者は、ソニーの成功と失敗の両方から学んだ。国内や海外の職場を転々としながら、昔と今のソニーに育てられた。ソニーに勤務した40年間……仕事は辛く苦しかったが、それは精神的に満ち足りた日々だった。なぜなら、仕事をとおして着実に成長していく、自分の姿が見えていたからだ。筆者はソニーに育てられていた。人が育つ会社――〝SONY〟とは、そういう会社――人を育てる会社、人を活かす会社、学歴無用の会社だった。今のソニーは、人を潰す会社、人を捨てる会社になったのだろうか。

企業の凋落《ちょうらく》は、人材のDNA破壊に端を発する。どのような超優良企業でも、トップ人材の育成を怠れば10年で潰れる。企業成立に不可欠な人材、技術、組織、経営のDNA

……出井氏が経営者として登場した1995年から2005年の10年間に、そのDNAの破壊土壌がソニーに完成した。そして、それが破壊者の系譜として引き継がれ、今日の巨額損失の累積という取り返しのつかない事態をもたらすことになった。

破壊されてしまった企業DNA。本書はソニーのDNA「自由闊達」の構成要素（人材、技術、組織、経営）に着目し、人と組織の行動原則という普遍性から、ソニー衰退の理由を理論的かつ明解に結論づけていく。言うまでもなく、経営には優れた技術と組織が必要であり、技術と組織には優れた人材が必要である。人材、技術、組織、経営の意味を知らず、果てしなく失敗を続ける近年のソニー経営者たち……。

本書執筆の目的は、ソニーの失敗を事例にして人材育成、技術活用、組織活用、企業経営の原理原則（普遍の真理）を解明することである。その原理原則こそが、自由闊達なる従来のソニーのDNA、すなわち理想企業のDNAである。理論は、他人の意見や公知の数値を借用して組み立てるべきものではない。自分の知識と経験を礎にして、それらを咀《そ》嚼《しゃく》しながら組み立てるべきものだ。真実を語ることができる人は少ない。真実を示すことができる数字も少ない。他人が主張する意見に素直に従うほど筆者は若くない。国や企業、学者、マスコミが発表する数値を単純に信じるほど筆者は甘くない。

転ばずに歩けるようになった子どもはいない。失敗せずに成長した大人はいない。しかし、転び続けてはいけないし、失敗し続けてもいけない。それが人生と経営である。他山の石としてソニーの失敗に学べば、成功する人生や成功する経営のあるべき姿が見えてくる。ソニーの失敗は、すべてが人災によるものだといえる。したがって、今のソニーが抱える深刻な問題――放漫経営と大量リストラについて、誰が（責任者）、何を誤ったのか（原因）、その二つを企業経営のあるべき姿への視点から本書で問うことにした。

今のソニーの極端な凋落の現実が、私たちに中庸《ちゅうよう》の大切さを教えてくれる。経営者や政治家に限らず、人間のあるべき姿とは何なのだろうか。太平洋戦争後、数十年の短期間に驚異的な成長を遂げたソニーと日本。本書で述べるソニーという会社は、そのまま日本という国に置き換えることができる。刺激的なタイトルを掲げたが、本書が広い読者層に読まれ、成功する企業経営や国家経営の根底を理解する人が増えることを願う。また、組織（企業や国家）のあるべき姿への道標（原理原則）としてだけでなく、人間のあるべき姿への道標としても、末永く本書を読者の手元に置いてほしい。

２０１５年10月

目次◆ソニー　破壊者の系譜

第6章　拝金至上主義になった社会

ソニー　破壊者の系譜

——超優良企業が10年で潰れるとき

第1章　傀儡師《かいらいし》だらけになった社内

1　ソニーの歴史と歴代の経営者

本書を執筆するにあたり、書庫にしている貸倉庫に出向いた。保管している膨大な資料のなかに、ソニーの広報誌「Sony Family」1994年1月号（60ページ構成）を見つけた。「夢を大切に頑張りましょう！」のトップ記事タイトルの下に、当時のソニー社長、大賀《おおが》典雄《のりお》氏の写真が掲載され、「盛田さんに胸を張って報告できるように」、「全員が夢を持って」という彼の言葉が続く。

その約1か月前の1993年11月30日、ソニーのビジネスを牽引してきた創業者、盛田《もりた》昭夫《あきお》氏が、脳内出血のために東京医科歯科大学附属病院に入院し手術を受けた。それは世界のソニーが、その全盛時代の終わりを告げた日でもあった。この広報誌が発行された1994年1月こそ、ソニーが創業者の力を完全に失い、自由闊達という企業DNAが変質し始めた時期である。

ソニーは1960年代から、社員向けの紙媒体広報の発行を始めた。まず、社内広報紙として数ページの「週報」を発行し、それが「ソニータイムズ」になった。やがてソニータイムズも「Sony Family」に名前を変えて冊子らしくなり、現役のソニー社員を対象にするだけでなく、退職者も対象にして発行されるようになった。しかし２０１５年度になって、それがソニーグループの情報誌「Family」に変わり、冊子の名前から〝Sony〟が消えた。また、その大きさも変わった。まるで過去のソニーを切り捨てるかのようだ。

配偶者の有無や子どもの有無――それらは会社への貢献度とは関係ないと言い切って、扶養手当や住宅手当をすべて廃止したソニーである。その社内広報誌のファミリーという名前が白々しい。「Family」２０１５年5月号（24ページ構成）には、「ハイレゾを、聴こう。」という特集が組まれている。というよりか、ほとんどの記事がオーディオのハイレゾ（高分解能）関係の特集で埋め尽くされている。以前の「Sony Family」のように、社員を啓蒙するような記事や取締役の重い言葉「社員へのメッセージ」もない。ソニーが変質してしまった。

筆者は１９７０年（井深大《いぶかまさる》社長の時代）から、２０１０年末（ハワード・ストリンガー社長の時代）まで、40年を超えてソニーに勤務した。企業は誕生、成長、成熟の過程を経て衰退するといわれる。筆者が入社した１９７０年代のソニーは、人間にたとえると成長期の若者に相当していたと思う。しかし、それは後になってからわかることだ。組織で働いている人間には、誕生、成長、成熟、衰退の各期のどこに自分が位置しているのか、それがわからない。衰退して初めて、その成長の歴史の全貌《ぜんぼう》が見えてくる。

第1章では、まずソニーの歴史について説明し、次に本質と現象の違いから、ものごとの原理原則の考え方について説明する。本書の第2章から第5章で述べるソニー衰退の理由を的確に理解するには、面倒でも第1章を熟読してほしい。

ソニーの歴史——世代で違うソニー像

経営の失敗というソニー衰退の今を現象で語ることは簡単である。人員削減、資産売却、事業売却、事業撤退、赤字経営を続けているからだ。経営の失敗が誰の目にも見える。しかし、その衰退の本質は、経時（過去から現在への時間の経緯で事象を追うこと）でないとわからない。つまり、老人でなければわからない。1946年に東京通信工業として創立されたソニーであるが、それから70年近くが過ぎた。そして、その創立から現在までのソニーを知る人が少なくなった。

本書はソニー衰退の原因と対策を題材にしている。その衰退の本質を語るには、今のソニーが抱える問題について語る前に、ソニーの誕生と栄光の歴史から語っていかなければならない。したがって、まずソニー歴代の主要社長を紹介するとともに、ソニーの歴史も簡単に紹介する。

〝ソニー〟は1946年に「東京通信工業」という社名で設立された。ソニー設立に奔走《ほんそう》した技術者が井深大氏である。その歴代の経営者は、初代社長の前田多門《まえだたもん》氏（井深氏の義父）に始まり、井深大氏、盛田昭夫氏、岩間《いわま》和夫《かずお》氏、大賀典雄氏、出井《いでい》伸之《のぶゆき》氏、安藤國威《あんどうくにたけ》氏、中鉢良治《ちゅうばちりょうじ》氏、ハワード・ストリンガー氏、平井《ひらい》一夫《かずお》氏へと引き継がれてきた。

しかし、ソニーの前身である東京通信工業の初代社長、前田多門氏は井深氏に資金援助をしてくれた名誉職の社長（ほかに『銭形平次捕物控』を著した野村胡堂《のむらこどう》氏も資金援助をしている）だった。盛田氏の義弟の岩間社長は就任から6年目に病気で急逝してしまった。したがって、これら2人の社長については本書で触れないことにした。また、それぞれ出井氏とストリンガー氏の陰の存在だった安藤社長と中鉢社長については、本書で語る必要性を特に感じない。本書では、ソニー凋落の起点となった大賀氏、それから出井氏、ストリンガー氏、平井氏へと続く最高経営責任者（ＣＥＯ）の系譜の経営センスについて語っていく。

ソニーの歴代の経営者

戦後の混乱期に設立されたソニーの歴史を歴代の経営者で語ると、その行動様式に第二次世界大戦の敗戦の影が色濃く差していることがわかる。まず、筆者なりに感じた各時代の社長の特徴と終戦時の年齢を表1に示す。実質的な経営期間とは、実際に経営者（ＣＥ

表１：実質的な経営者の特徴と終戦時の年齢

純粋なベンチャーチーム時代

時代：誕生から成長の時代（1946 年から 1959 年まで）
社長：前田多門氏
脳構造：文系（政治系）
終戦時年齢：+61 歳
特徴：憂国（明日への投資 → 事業支援）
実質的な経営期間：なし（ベンチャーキャピタル）

いろは坂型社長の企業経営時代

時代：成長から成熟の時代（1960 年から 1988 年まで）
責任者：井深大氏
脳構造：理系（技術系）
終戦時年齢：+37 歳
特徴：諦観（自由への歓喜 → 技術開発）
実質的な経営期間：1946 年から 1970 年（15 年間）
責任者：盛田昭夫氏
脳構造：理系（経営系）
終戦時年齢：+24 歳
特徴：復讐（米国への凱旋 → 市場開拓）
実質的な経営期間：1971 年から 1988 年（18 年間）

はしご型社長の企業経営時代

時代：成熟から衰退の時代（1989 年から 2007 年まで）
責任者：大賀典雄氏
脳構造：芸系（権威系）
終戦時年齢：+15 歳
特徴：自失（自我への模索 → 名声願望）
実質的な経営期間：1989 年から 1997 年（9 年間）
責任者：出井伸之氏
脳構造：文系（格差系）
終戦時年齢：+7 歳
特徴：飢餓（物資への羨望 → 贅沢三昧）
実質的な経営期間：1998 年から 2007 年（10 年間）

落下傘型社長の企業経営時代

時代：衰退から崩壊の時代（2000 年以降）

責任者：ハワード・ストリンガー氏

脳構造：文系（丸投系）
終戦時年齢：+3 歳
特徴：無知（側近への依存 → 裸の王様）
実質的な経営期間：2008 年から 2011 年（4 年間）

責任者：平井一夫氏

脳構造：文系（浮遊系）
終戦時年齢：–15 歳
特徴：飽食（明日への迷走 → 無為無策）
実質的な経営期間：2012 年から現在まで（3 年間を超える）

表 2：世代で違うソニー像

年齢層	状　態	商品名	ソニーのイメージ
60 歳から上	成長から成熟	トランジスターのソニー	技術のソニー
「井深・盛田」時代から現在までのソニーを知る人は、今の 60 歳以上の人だろう。それはトランジスターラジオやトランジスターテレビなど、技術開発の結晶のソニー製品を愛用し、ソニーの成長から衰退までの歴史を知る人になる。			
40 歳から 59 歳	成熟から衰退	ウォークマンのソニー	商品のソニー
「大賀、出井」時代から現在までのソニーを知る人は、40 歳から 59 歳ぐらいの人だろう。それはビデオカメラやウォークマンなどアイデアの結晶のソニー商品を愛用し、ソニーの成熟から衰退までの歴史を知る人になる。			
20 歳から 39 歳	衰退から崩壊	ゲームと映画・音楽のソニー	娯楽のソニー
「ストリンガー、平井」時代のソニーを知る人は、20 歳から 39 歳ぐらいの人だろう。それはゲームやスマホなど、娯楽関係のソニー機器を愛用し、ソニー本業のエレクトロニクス事業の衰退から崩壊までの歴史を知る人だ。すなわち、ベンチャー体質を完全に喪失した 21 世紀のソニーを知る人になる。			

0）として会社を運営していたと思われる期間のことであり、その役職の実際の就任期間とは少し違う。
成長、成熟、衰退の歴史で分けた3種類の社長像の理解も重要になる。ソニー変貌の歴史を歴代社長の名の下で語るなら、成長から成熟への「井深・盛田」時代、成熟から衰退への「大賀・出井」時代、それに衰退から崩壊への一途をたどる今の「ストリンガー・平井」時代に分けることになるだろう。ソニー製品の人々の受け取り方と、ソニーという企業の実態が、それぞれの時代で極端に違うからだ。年齢層で違う三つのソニー像は表2に示した。

今の20歳代の人に出井伸之氏の名前を出せば、「それって誰のこと?」になるだろうし、ソニーのウォークマンの話を出せば、「それって何のこと?」になるだろう。今の40歳代の人にソニーを語らせると、「ソニーとは新商品の会社、ウォークマンの会社だ!」になるだろう。ノスタルジックな栄光に輝くソニーは、戦後の貧困時代を知る老人の記憶にだけ宿る。実際、東南アジアでは、「ソニーって何?　テレビを売っていた会社かしら」という若者も多い。

ストリンガー氏と平井氏には、戦中から戦後にかけての飢餓《きが》の記憶がない。良く言えば豊かさを知る幸福な世代、悪く言えば貧しさを知らない能天気の世代、それが彼らの世代の特徴だろう。衣食足りて礼節を知る、という諺《ことわざ》がある。しかし、日常的な食糧難の戦中に育ちながら、世界のどこに出しても恥ずかしくない品格を備えた経営者がいた。その一方で、豊かな時代に育ちながら、企業のトップに立つ社長たるべき人間としての品格を備えていない経営者もいる。

ソニーの成長期、成熟期、衰退期の特徴

ソニーの栄光の歴史を的確に捉えられる世代は、やはりソニー陣営と松下電器（現パナソニック）陣営が国内の電気メーカーを二分して戦ったベータマックスとＶＨＳの家庭用ビデオ戦争を知る、ウォークマン以前の60歳代から上の人たちである。それはトランジスターラジオやテープレコーダー、トランジスターテレビなど、それまで世の中に存在しなかった新製品や消費者が思い描けなかった新製品を次々と市場へ送り出していた技術のソニーを知る時代の人たちだ。

これまで述べたように、世間の人々がソニーから受ける印象は、ソニーを知る世代で大きく異なる。その誕生期から成長期、成熟期、衰退期に至る全期の特徴を捉えることができなければ、ソニー凋落の今の現象はわかっても、その本質を知ることはできない。図1から図3に、それぞれソニーの社長のタイプと成長期、成熟期、衰退期の特徴を示す。

いろは坂型社長とは、組織の麓から頂上までの隅々を歩んできた創業者社長のことであ

図１：いろは坂型社長

（1）ソニーの成長期（一世の井深氏、盛田氏の時代）

組織の山
社長から見た組織＝人間人の集合体

図２：はしご型社長

(2) ソニーの成熟期（二世の大賀氏、出井氏の時代）

組織の山
社長から見た組織＝道具人の集合体

図３：落下傘型社長

(3) ソニーの衰退期（三世のストリンガー氏、平井氏の時代）

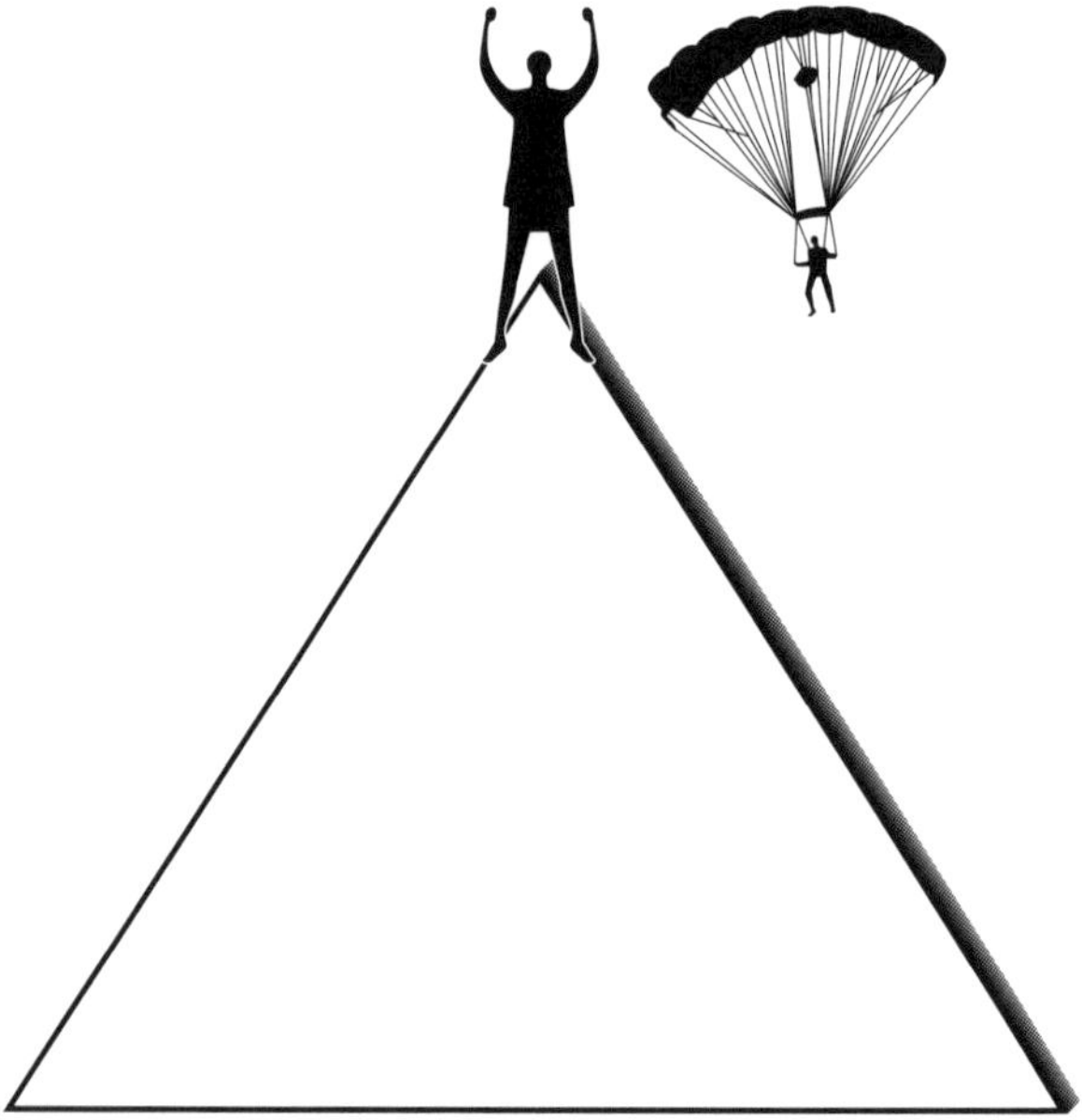

組織の山
社長から見た組織＝機械人の集合体

る。はしご型社長とは、組織内の一事業を担当しながら組織の麓から頂上まで、はしごを駆け昇った二代目社長のことである。落下傘型社長とは、組織の何たるかを知らないままに突如、組織の頂上に降り立った三代目社長のことである。外部から招聘《しょうへい》した社長も、これに該当する。

技術模倣と技術開発の時代――成長期

・事業買収

１９５５年の国内テレビ受像機の販売シェアは、１位が早川電機（シャープ）16・9パーセントであり、２位が松下電器（パナソニック）15・7パーセントであった。３位の八欧《やおう》電機（ゼネラル）は12・7パーセントであった。もちろん、そこにソニーの名前はない。テレビ技術を持たないソニーは、１９６０年代に八欧電機のテレビ製造部門を部門ごと引き抜いて、ソニー最初のカラーテレビ、クロマトロンの製造に入った。テレビ技術者や白物《しろもの》（洗濯機や冷蔵庫のこと）技術者をごっそりと引き抜いたサムスンやハイアールを笑うことはできない。

筆者は２０１０年に中国のハイアール社から、ＬＥＤテレビの設計開発から製造までできる人材をまとめて日本企業からリクルートしてほしい、と頼まれたことがある。どこの国でも、どの時代でも、新規参入のビジネス手法は同じく模倣である。今の中国や韓国の企業を非難してはいけない。

・販路開拓

1960年代、米国進出にあたっては米国の電気製品販売会社と共同で、欧州進出にあたっては欧州各国の電気製品販売会社と共同で、販路を開拓した。現地市場での販売に慣れてからは、それらの現地販売会社と袂を分かち、独自の販売網を築いていった。例外は、ソニーが現地販売会社を買収したデンマークのみである。

日本企業にとって海外進出は容易ではない。それは欧米企業にとっても同じことである。ソニーの国内保険事業も、米国企業のプルデンシャルと共同で開始し、やがて別れている。

・研究開発

1961年に神奈川・保土ヶ谷《ほどがや》にソニー研究所を設立し、電子技術関連の本格的な基礎研究を開始した。当時は立地の不便さから悪評であったが、研究者の世俗からの隔離の必要性という、地理的な原理原則に基づいて設立されたソニー唯一の研究所であった。やがてソニーの規模拡大に従い複数の研究所が設立されてソニー中央研究所と改名されたが、残念なことに人間でいえば成人を迎えようとするころ（1994年）に解体されてしまった。

ソニー躍進の歴史は、技術研究にあったといえる。半導体カメラを世界的に普及させた

ＣＣＤの開発は、インスタントラーメンの開発と同じく、間違いなくノーベル賞に値するものである。また、青色ＬＥＤは、ソニーが先行開発するべき素材だった。ソニーの技術開発の蹟《つまず》きが、青色ＬＥＤ開発の前段階だった青紫色ＬＥＤ開発の出遅れである。

密室経営と技術放棄の時代――成熟期

・事業衰退

事業衰退のきっかけは、ウォークマンの成功である。ウォークマンの成功要因は、まず新型トランスデューサーの開発による高音質ヘッドホーンの商品化であり、それに続いた成功要因が、リチウム電池の開発による長時間再生と高密度基板実装技術の開発による超小型化である。ほかに特段に優れた技術は使われていない。

・米国追従

ソニーは出井氏の時代に、英国から米国へと引き継がれた植民地政策を日本で最初に企業内統治に採用した企業になった。植民地政策企業とは、人間（頭脳）を必要としない企業である。植民地主義国家とは、支配と従属に人間を二分化する国家である。ソニーには似合わない。

・販売専業

技術系の人間を機械扱いし、使い捨てるようになった。植民地においては、人の使い回しが必要だが、人への愛情は不要である。

人員削減と資産売却の時代――衰退期

・人員削減

マスコミが発表しているとおり、延々と、かつ細切れに、人員削減を続けている。その数は８万人を超える。

・資産売却

自社保有の不動産、株式、子会社、事業などを次から次へと売却し、それを営業利益に組み込み、見せかけの黒字を維持しようとしている。しかし、焼け石に水の感がある。

この時期から入社したソニー社員は異人種だというべきだろう。また、経営者は、人員整理、事業売却、資産売却、自分の高額報酬確保の活動に徹し、それ以外に何もしていないように見える。それらの仕事に経営能力は必要ない。

2　人間社員から傀儡社員へ

次に、経営者の立場でソニーの時代を二つに分けてみよう。それは創業者系社長の時代とサラリーマン系社長の時代の二つである。具体的にいえば、理系に分類されるべき「井深・盛田・大賀」各氏が経営者の時代と、文系に分類されるべき「出井・ストリンガー・平井」各氏が経営者の時代である。理由は様々だが、前者が実業と虚業という2種類の事業を知る経営者の時代だといえ、後者が虚業という事業しか知らない経営者の時代だといえる。

理系と文系の出身で分けた2種類の社長像

井深・盛田・大賀各氏の創業者系社長の時代は、技術開発に次ぐ技術開発で、ソニーの技術と製品が世界の最先端を走っていた。それがソニーの前半時代である。出井・ストリンガー・平井各氏のサラリーマン系社長の時代は、技術開発を放棄して企業政治に専念し、

井深大

ソニーが他社の後塵を拝し続けている。それがソニーの後半時代である。ソニーの事業の成功と失敗の代表的な例を次に示す。

ソニーの成功の代表例（井深・盛田・大賀各氏の理系社長時代）

・トランジスターをライセンス生産し、ポケットラジオを世界に広めたこと
・磁気テープを改良し、磁気テーププレコーダーを実用化したこと
・トランジスターを使った、マイクロテレビを実現したこと
・トリニトロンブラウン管を発明して、トリニトロンカラーテレビを開発したこと
・一般消費者用ビデオカセットレコーダーを市場に根づかせたこと
・再生専用カセットプレーヤーウォークマンで、ヘッドホーンステレオの分野を確立したこと
・オランダのフィリップス社と共同で、光ディスク（ＣＤ）録音を可能にしたこと
・ゲームコンピューターを販売し、ソフトとハードの連携ビジネスを展開したこと
・フェリカ（FeliCa）を開発し、非接触ＩＣカードで電子チケットと電子マネーを社

会に広めたこと

ソニーの失敗の代表例（出井・ストリンガー・平井各氏の文系社長時代）

・ＤＶＤの標準化と市場争奪戦で、松下電器に裏切られ、東芝に負けたこと
・サムスンとの合弁でＬＣＤの会社を作り、サムスンに技術を流出させたこと
・アップルにiPodで先行され、同じものがあったのに、それを売らなかったこと
・エリクソンと合弁で携帯電話会社を設立したのに、スマホ市場で活躍できなかったこと
・消費者に迎合したパソコンを造ったが、故障の多いパソコンで評判を落としたこと
・ミノルタを買収したが、それをデジカメビジネスに活かせなかったこと
・ＪＲ東日本と決別して、FeliCaビジネスを自社内に取り込もうとして失敗したこと
・経費垂れ流しのソニー映画ビジネスとソニーアメリカの経営が管理できていないこと
・資産売却、事業売却、事業撤退、リストラを繰り返す、後追い経営をしていること

成功例のすべてが優れた技術の話であり、失敗例のすべてが劣った政治の話である。業績の悪化とともに次々と売却されていくソニー保有の優良不動産……御殿山《ごてんやま》（東京・品

川）の旧々本社2号館ビル、ベルリンのソニーセンター、ニューヨークのソニー本社ビル、旧本社NSビル、大崎のソニーシティビル、芝浦のソニーシティ現本社ビルなど、各地に保有していた保養施設や地方事業所も加えて数えればきりがない。

１９４６年の創業から、40年にわたり輝き続けていたソニー。その一方で、１９９０年代後半から、とめどなく堕ちていき、事業売却、自己所有不動産売却、人員削減でその日を凌《しの》ぐソニー。井深氏と盛田氏が、今のソニーを知ったなら何と言うだろうか、まったく想像もできない。いったい、ソニーに何が起きたのか。あのソニーが、なぜ？　誰もが同様に抱く疑問ではないだろうか。

ソニーには技術開発に優れた人、市場開拓に優れた人、その両方ができなくて人の使い回しだけに徹した人の3種類がいた。そのどれもが企業にとって必要とされる。しかし、ソニーが大きくなるにつれて、まず技術開発をする人（研究系人材）がいなくなり、次に市場開拓をする人（販売系人材）がいなくなり、人の使い回しだけをする人ばかりが残ってしまった。いわゆる傀儡師《かいらいし》である。だが、それではモノづくりの企業が成立しない。

3　本質を知らず、現象に踊り狂う人々

ソニーの失敗を一言でいえば、出井伸之氏以降の経営者が、企業経営の本質を知らずに、その現象だけを追い続けてきたことに尽きる。ソニー凋落の原因に限らず、組織衰退の原因は、組織存続の基本原則からの乖離で説明できる。ものごとの原理原則を知るための第一歩は、本質と現象の違い、質と量の違い、自然と人工の違い、これら三つの違いを理解することである。

盛田昭夫

声を聞くことと話を聴くことは違う。文字を見ることと文章を読むことも違う。声を聞いていることは、他人から見てわかる。文字を見ていることも、他人から見てわかる。それが現象である。

しかし、話を聴いているか、文章を読んでいるか、それは他人から見てわからない。話を聴いていたか、文章を読んでいたか、それは聞き手や読み手の後々の行動によって、

初めてわかることである。それが本質である。

現象とは外観のことであり、それは即座に理解できる。誰にでも同じように理解できる。一方、本質とは内観のことであり、それは時間をかけないと理解できない。本質は自己の経験と知識から判断するべきものであり、その理解には行動と経時という二つの要素が欠かせない。もちろん、社会経験のない子どもには、現象は理解できても本質は理解できない。すなわち、本質は個人の経験と知識によって理解の深さが異なる。

世間では2005年に出井氏がCEOを解任されたと言い、2012年にストリンガー氏がCEOを解任されたと言う。それが見える現象である。しかし、誰が出井氏を解任したというのだろうか？　誰がストリンガー氏を解任したというのだろうか？　ソニーが？　当時の社外取締役が？　ソニーは誰も解任しない。解任するのは具体的な人であり組織ではない。

出井氏はCEOを解任されたのではない。ストリンガー氏もCEOを解任されたのではない。取締役会にCEOを解任できる権力を持つ人が存在しないのに、CEOが解任される訳がないからだ。いずれの場合も解任ではなくて、CEO自らが選んだ自己延命目的の自爆テロなのだ。それは彼らが「解任後」もソニーの要職に留まっていたことで証明されている。それが出井氏とストリンガー氏の退任という事象の本質である。

本質を知らず、現象だけを追う人の特徴は、上へ倣《なら》えであろう。21世紀に入り、ソニーの執行役員が社長の取り巻きで構成されるようになった。さらに幹部社員が執行役員の取り巻きで構成されるようになった。彼らは額に汗して働く社員を操る傀儡師なのだろうか。社員の大勢が上へ倣えになると、ソニーが傀儡師だらけになってしまい、自ら考えて自ら手足を動かす人がいなくなる。全社員が傀儡師になると、会社の全機能が麻痺してしまう。

本書の第2章から第5章では、各章の前半でソニーの第二世代と第三世代の経営者（大賀氏と出井氏およびストリンガー氏と平井氏）の人材、技術、組織、経営の失敗（現象）について説明し、各章の後半で成功する「人材育成」、「技術活用」、「組織活用」、「企業経営」の原理原則について解説する。その原理原則は単純である。また、経済環境や経営環境が変われども、原理原則は未来永劫不変である。その原理原則の対極を行けば、超優良大企業といえども10年でダメになってしまう。

岩間和夫

組織や仕組みではなくて社長で決まる事業の成否

なぜ、大賀氏は出井氏を後継者に選んだのだろう。実際は盛田会長の妻、良子夫人の意向で決まったのだろう。特に出井氏を選ぶ理由は、大賀氏にはなかったと思う。新社長の出井氏を迎える当時の社員の高揚《こうよう》は、息詰まるような封建政治……大賀社長時代の終わりへの安堵と、新しい民主政治への期待からだったと思う。ブランド物のスーツに身を包んで登場した出井氏に、ソニー社員だけでなく社会やマスコミも、これでソニーが変わると期待していた。

なぜ、出井氏はストリンガー氏を後継者に選んだのだろう。世間では社外取締役の意向で出井氏がやむなく会長職を辞したとされている。それは違うだろう。出井氏の辞職は半ば自発的なもので、それには複数の理由が考えられる。第一はゲーム機プレイステーション2のビジネスで世間からの評価が高かった副社長の久夛良木《くたらぎ》健《けん》氏を社長にしたくなかったことだろう。出井氏が会長職を辞した2005年時点で、下り坂に向かっていたソニーの業績である。そこで社長の安藤國威氏が会長になり副社長の久夛良木氏が社長になり業績が急回復したら、辞任して元会長になった自分の立場がなくなる。また、自分が残留し業績がさらに低下したら、期待される高額退職金を失うことになる。それなら安藤社長も含めてほとんどの取締役を道連れにして取締役会を解散させ、自分の息がかかったハワード・ストリンガー氏を後継者に選べば、取締役会を陰で操ることが可能になる。

日産のカルロス・ゴーン氏を真似た、外国人社長登場の話題性に期待していたのがマスコミだ。面白いことに、それまでのリストラの効果で、ソニーの業績は2008年度に急回復している。タイムラグの結果だ。

なぜ、ストリンガー氏は平井氏を後継者に選んだのだろう。世間ではストリンガー氏がやむなく会長職を辞したとされている。それも違うと思う。徹底して業績が悪化する前に辞職しないと、高額の退職慰労金を受け取ることができない。その欲に加えて、平井氏と顔見知りであること、それに英語で意思疎通ができることなどが挙げられる。平井氏がゲームというわかりやすい仕事を担当していたこともあるが、最後には禅譲《ぜんじょう》に見せかけた「グループ世襲」の元祖、出井氏の了解を得て決めたのだろう。筆者が知る限り、ソニー内に次代を担える経営者候補は多数いた。しかし、そのような人材を経営者が次々と切り捨てたなら、ソニーには経営者を引き継ぐべき人材がいなかったことになる。

　ソニーの最高経営責任者（CEO）を順番に挙げると、盛田昭夫氏、大賀典雄氏、出井伸之氏、ハワード・ストリンガー氏、平井一夫氏になる。大賀社長以降のソニーの社長人事には、不透明な部分が多くなったように思う。社長交代といえば、会社が社長を交代させたと、漠然と捉える人が多い。社長交代は世襲または禅譲になる。企業経営の後継者は、創業者一族なら世襲で構わない。しかし、ふつうなら禅譲で選ぶべきものだろう。ただし最近の社長交代は、ほとんどが禅譲に見せかけた世襲になった。すなわち、ひとつのグループ内で後継社長を決めながら、グループの力を温存するという方法だ。「グループ世襲」なら、元社長の意向が新社長に強く影響する。

安藤國威

だから、社長（派閥）は交代していないと理解するべきだ。

ソニーが変わった四つの理由

ソニーが変わってしまった理由……それは自由闊達《かったつ》なる理想企業ソニーが脈々と引き継いできた「人材、技術、組織、経営」のＤＮＡが破壊されたこと――言い換えれば企業経営の基本原則からの逸脱である。平井社長の下で、今のソニーがエレクトロニクス事業で大胆に変わることなどできない。あまりにもソニーが企業経営の原理原則から逸脱してしまったからだ。

中鉢良治

ソニーが変わってしまった具体的な四つの理由――それはソニーの歴代の経営者４人それぞれが犯した四つの過ちである。その一つ目は、大賀典雄氏が後継者を育てなかったこと、すなわち人材の意味を知らなかったことである。その二つ目は、出井伸之氏が技術開発を放棄したこと、すなわち技術の意味を知らなかったこと、かつ人材の意味を知らなかったことである。その三つ目は、ハワード・ストリンガー氏が組織のトップ集団に無能者を置いたこと、すなわち組織の意味を知らなかったこと、かつ人材と技術の意味を知らなかったことである。その四つ目は、平井一夫氏がソニーのＤＮＡを否定したこと、すなわち経営の意味を知らないこと、かつ人材と技術と組織の意味を知らないことである。

出井氏以降のソニー経営者は、交代した瞬間は世間から高評価を受けている。しかし、時の経過とともに、経営者の能力不足が明らかになり、ボロが見えてくる。それがビジネスのもう一つの側面であり、最初は見えなかった人間の質である。

量に騙されない注意は日常的に必要である。テレビ広告なら、自分に不都合なことは短時間で放映する。消費者が見る時間を自分で設定できるからだ。時間は短くても、放映した、という大義名分が立つ。一方、新聞広告や保険証書なら、自分に不都合なことは小さな文字で書く。それを読むのに消費者が使う時間が予測できないからだ。文字は小さくても、書いた、という大義名分が立つ。

ハワード・ストリンガー氏は、「若い人を登用する」と言った。残念なことに「仕事ができる人を登用する」とは言わなかった。老若は量であり、誰にでも判断できる。しかし、仕事ができるかどうかは質であり、その質は仕事ができる人でなければ判断できない。若者だけれど無能な人を登用してはいけないし、老人だけれど無能な人を登用してもいけない。経営者には質と量の両方の資質と、そのバランスが欠かせない。まったく質が伴わない経営者、派手なパフォーマンスだけの軽い経営者、それでは企業が滅びてしまう。

第2章　破壊された人材（ヒト）のＤＮＡ

第2章では、元ソニー社長、盛田昭夫氏の後継者選びの真実について語り、続いて盛田氏が後継者に選んだ大賀典雄CEOの人材育成の失敗について語る。

1　盛田氏はなぜ大賀氏を後継者に選んだのか？

ソニーの自由闊達なるDNAの破壊の契機となったのが大賀典雄氏のソニーCEO就任である。ここで盛田昭夫氏の後継者選びについて、その理由を筆者なりに述べる。後継者選びは前任者の意思で決まる。だから第三者の筆者が、それを正確に語ることなどできない。しかし、ソニー本社の中にいたからこそ見えたものがある。

筆者にとって、盛田氏の後継者の人選理由は明らかである。盛田氏は大賀典雄氏を**次世代経営者の中継役として仕方なく選んだ**。会社にとってやむをえない選択だったが、結果的に不幸な選択だったと思う。

盛田氏は最初、自分の義弟の岩間和夫氏を後継者に選んでいる。岩間氏は人格者かつ優秀な技術者だった。だから、妥当な選択だったと思う。ただし、岩間氏の社長就任期間中も、盛田氏はソニー会長兼最高経営責任者（CEO）として経営の実権を握り続けていた。

それは経団連会長就任を目指していた盛田氏にとって、どうしても手放すことができなかった役職だったのだろう。しかし、岩間氏にさまざまな経験をさせながら、社長としてふさわしい人物へと育てようとしていたのは確かだと思う。

１９７６年に57歳で社長に就任した岩間氏は、１９８２年８月24日に突如、63歳で病死してしまう。急遽、岩間氏の代役が必要になり、そこで盛田氏が呼び寄せたのが大賀氏である。そうしてソニーの社長の椅子は、盛田氏の管理の下、岩間氏から大賀氏へと引き継がれることになった。大賀氏は１９７６年の岩間氏の社長就任と同時にソニー副社長に就任している。このときまでの盛田氏の考えは、技術は岩間氏に任せる、商売は大賀氏に任せる、だったのではないだろうか。

大賀典雄

子会社のＣＢＳ・ソニーレコードの会長の大賀氏が、社長として仕方なくソニー本社に呼び戻されたのには理由がある。１９７９年３月16日には、ソニー副社長だった大賀氏が乗ったヘリコプターが千葉・木更津で着陸時に事故を起こし、着陸予定地に居た一人が脳幹部挫傷で死亡している。その事故処理が一段落したのが、１年後の１９８０年３月14日である。同年５月、大賀氏は片道切符でソニー本社から子会社のＣＢＳ・ソニーレコードの会長として送り出された。しかし、ソニーが岩間氏を失った結果、その大賀氏が止むなく呼び戻されたのだ。

大賀氏にとって2年に届かない、短期の子会社の会長職だったが、それは世間が過去の事故を忘れるには十分な時間だったのだろう。当時の盛田氏の政治、経済、マスコミへの影響力は国内だけでなく海外でも絶大なものがあり、大賀氏については「彼の悪口を書いてはいけない」というのが長年のマスコミの不文律であった。大賀氏が活躍した時代のマスコミ関係者なら、よく知っている話である。

盛田氏の過ちは、後継者を2人、うまく育ててこなかったことである。経営者の事故死や病死は、企業リスクの一つとして忘れてはならないことである。すぐに代理を立てられない仕事にはスペアーが必要である。社長と取締役の全員を同じ飛行機で出張させない企業は多い。日本の総理大臣が執務不可能な事態に陥ったら、その代理役として複数の執務代行者が順位とともに法律で定められている。それが組織の常識である。

岩間社長を失ったソニーを引き継いだ大賀氏の社長就任は1982年のことであるが、最高経営責任者（CEO）を盛田氏から引き継ぐのは1989年のことである。それは盛田氏のソニー育成への情熱が失せて、彼の興味が政治に転化し始めた年でもある。

ソニーの人材のDNAを徹底的に壊した最大の責任者は大賀典雄氏だろう。彼は「燦」という言葉を好み、それを色紙に書いて退職者に贈った。しかし、鮮やかに輝いていたのは、ソニーではなくて大賀氏自身だけだったのではないだろうか。

2　人材の意味を知らない経営者

筆者が管理職の課長になったとき、上司の部長に言われた言葉を今でも思い出す。その上司は、「部下の仕事の管理をすること」と「自分の後継者を育てること」、この二つが管理者の最大の責務だと言った。ところが大賀氏は、盛田氏の妻、良子夫人のアドバイスに従い、自分が描いていた数人の社長後継者候補のなかにいなかった出井氏を14人抜きで後継者に抜擢した。子どもを育てる親はいても、子どもを選ぶ親はいない。自分の後継者は選ぶものではない。十年の歳月をかけて育てるものだ。それをしてこなかったのが、大賀氏以降のソニー経営者である。後継者を育てる能力がなかった、と言った方が的確かもしれない。

大賀氏の後悔

ソニー衰退のきっかけを作った張本人としての評価が定着したように思える出井伸之氏。

その出井氏を後継者の社長に選んだのが大賀典雄氏である。大賀氏が社長に就任したのは1982年のことだ。それから最高経営責任者（CEO）、会長、取締役会議長、名誉会長、相談役の職に就き、2006年に相談役を辞している。このように24年間にわたりソニーの経営に影響を与えているが、実質的な経営者としての期間は、盛田氏がCEOの座を大賀氏に譲った1989年から、出井氏に共同最高経営責任者（Co‐CEO）の地位を与える前年、1997年までの9年間だろう。

ソニー発生の地を売り払い、その利益で経営黒字を積み増し、高額の退職慰労金を得て退陣したのが出井氏。2005年に出井氏がソニー会長兼CEOを退く前のことだ。北京で2001年11月にオーケストラを指揮している最中に倒れた大賀氏は、自分のことを「いっそのこと、あのとき倒れたままで死んでおけばよかった」と言ったそうだ。また、創業者の井深氏と盛田氏が濃紺の作業服姿で従業員とともに働いていたソニー創業の地、御殿山ソニー2号館跡地の売却を知って「そこに何かソニーの歴史を残すことはできなかったのか」と嘆いたそうだ。

しかし、すでに手遅れである。ソニーは凋落への道を突き進んでいた。自分が後継者に指名した社長を後になって不適格だったと言って後悔した人は少ない。残念なことである。

社長の椅子の獲得と維持への執念

盛田氏が岩間社長の後継者として大賀氏をソニー社長に選んだとき、社内から見てほかに2人の社長候補がいた。それが盛田氏の実弟で常務取締役の盛田正明《もりたまさあき》氏と、世界的にソニーが市場独占状態だった放送機器ビジネスで頭角を現していた、技術者で専務取締役の森園正彦《もりぞのまさひこ》氏だった。しかし、彼らの経営者としての経験不足を懸念した盛田氏は、副社長としても実績があった大賀氏をとりあえずの社長に選んだのである。ただし、大賀氏の後継者とするべく、盛田氏は森園正彦氏と盛田正明氏の両名を大賀氏の社長就任と同時に副社長に昇格させている。

社長就任以前からその傾向はあったが、次々とライバルを排除していく大賀氏は、人事面で狡猾な政治家だという一面を持っていた。それは社長に就任して間もなく、森園正彦氏を品川本社から厚木ＴＥＣへ異動させ、盛田正明氏を同じく品川本社からソニーアメリカへ異動させたことでわかる。こうして次期社長候補だった副社長二人が、徐々にソニー本社への影響力を失っていき、大賀氏の権力が強化されていった。

本社（社長の城）との距離、それは非常に重要なことである。たとえば、官公庁から見た各外郭団体の重要性の順番を知りたいのなら、霞が関から外郭団体への距離を直線で測ってみればよい。その距離が短いほど、官公庁と癒着している団体だといえる。官僚と団体役員との交流に便利な位置にあるからだ。たとえ天下りの役人をトップに置く外郭団体であっても、霞が関から離れていれば、いつか忘れ去られることになる。

同じような現象がソニー本社にもいえる。本社ビルの最上階は役員室（霞が関）である。大賀氏や出井氏の時代まで、その階下にはR＆Dや経営戦略が入居し、その下に広報や人事が入居していた。ストリンガー氏や平井氏の時代では、その逆で役員室の直下には広報や人事が入居している。経営者が会社機能の何を重視しているのか、ここでも経営トップの姿勢が見える。

やがて自分の寿命は尽きる。しかし、組織の寿命を尽きさせてはいけない。それには自分を超える後継者を育てなければならない。そんな単純な原理原則を忘れてしまったのが大賀氏である。大賀氏に育てられた人材は誰なのだろうか、まったく思いつかない。

後継者は選ぶものか、育てるものか

いかに優れた製品を作っても、市場を開拓しなければ企業経営はできない。ソニーの実質的な初代後継社長は、井深氏から社長業を引き継いだ盛田氏である。その引き継ぎは、技術の重要性と同時に市場開拓と商品販売の重要性にも気づき、かつ経営者としての年齢の限界を知っていた井深氏の意思で実現したのだろう。ただし、井深氏と盛田氏のどちらも、他人の手によって育てられた人ではない。自分で試行錯誤をしながら、自分で自分自身を育ててきた人だった。それがベンチャー企業の経営者の姿である。

最近のソニー副社長の言葉だが、人を育てることを「専門能力の開発」、「ヒューマンスキルの獲得」、「センスを磨く」などだと言っている。管理職のするべきことは、「学習と訓練の必要性を社員に気づかせること」だとも言っている。子どもが学習と訓練の必要性を認識することはない。すでに十分な知識と経験を持つ人だけが、子どもに学習と訓練をさせることができる。学習と訓練を受けた本人が自分でするべきことは、学習と訓練で培われた経験と知識に基づいた思考と模索である。

また、同じくソニー副社長のことだが、一定料金で盛り付け量が自由だった、社内食堂のサラダバイキングの話もしている。サラダバイキングが従量課金制になったら、とたんにサラダバイキングに並ぶ人の列がなくなり、サラダ盛り付け競争がなくなったそうだ。以前は、山のように皿一杯、野菜を盛りつけている人をたくさん見かけたそうだ。

サラダバイキングの問題……副社長が社員に向けて語るべきことだろうか。否、黙って改善すればよいことだ。スーパーマーケットで１本１５０円の大根を買うときに、わざわざ小さい大根を選んで買う消費者はいない。人間の本性を知っている者ならば、当然のことだとして受け止めるだろう。盛り付け競争は何も非難するべきことではない。サラダバイキングの列に並ぶ社員の姿は、今のソニー経営陣の姿のコピーであり、経営者たる自分たちの姿こそ、恥じるべき対象ではないだろうか。

かつてのソニー社員教育——30歳の誕生日

今でも、30歳になった4月の誕生日を鮮明に覚えている。１９７７年のことだ。筆者は高崎市にあるソニーの子会社の地方事務所、ソニーサービス関東第五地域事務所に勤務していた。親会社のソニーは、海外進出を進めて、海外での製品販売比率が国内での製品販売比率を金額で上回るようになっていた。ソニーサービスに勤務して7年目を迎えようとしていた筆者は、この会社における自分の将来を考えていた。30歳を期に、新しいものに挑戦しようと思った。すでにテレビやビデオの回路知識は身につけていた。そのとき頭に浮かんだのが、英語の勉強と海外勤務だった。そうして、「今日から英語を勉強する」と家内に宣言した。

その30歳の誕生日の夕方から、高崎市に借りていた小さな平屋の風呂場や台所で筆者は英語の勉強を始めた。家内にも手伝ってもらった。すでに電気回路はわかるようになっていた。ソニーサービスに勤務して次に学ぶものは英語しかない——そう思った。

5月の連休が明けて、勤務先の上司に海外勤務をしたいと申し出た。大阪でも上司だった人だ。筆者を持て余していたのかも知れない。その話を聴いてくれた。それから毎日、海外勤務をしたいとしつこく上司に言い続けた。筆者の英語は万全だとも言った。嘘だった。まだ英語の勉強を始めて1週間しか経っていなかった。

言ってみるものだ。5月末になって、プエルトリコのサービスショップへ転勤の話が上司から出た。アメリカの南にある国だろうと想像はできたが、どんな国かは知らなかった。ともかく、外国に行けると思うと嬉しかった。外国ならどこでも良かったのだ。新天地で外国語を駆使して働きたかった。

さっそく自宅に戻って、家内にプエルトリコ転勤の話をした。すでに海外勤務の希望を告げていたし、どこにでもついて来てくれる人だったので、安心して話をすることができた。

その1週間後のことだ。上司が言った。

「原田クン、プエルトリコ勤務の話は無くなったよ」

「えー！　どうしてですか」

「プエルトリコのサービスショップに銃弾が打ち込まれて、サービスショップが閉鎖になったらしい」

ほんとうにがっかりした。束の間の喜びだった。意気込んでいた気持ちが急に萎えていった。そうして、前と同じ仕事を続けて6月初旬を迎えた。

そして6月になったある日のことだ。上司が真面目な顔で言った。

「原田クン、ヨーロッパ勤務の話があるんだけど……行く？」

「もちろんです」

外国勤務ならどこでも良かった筆者は、そう即座に返事をした。その時は、欧州勤務と中南米勤務の違いなど、想像もしていなかった。数日して、欧州勤務の話が確定した。ほんとうに嬉しかった。新しい経験ができる。

今になって考えると、プエルトリコ赴任の話が決まろうとしていたとき、すでに欧州赴任者の選任が始まっていて、そのソニー本社との調整に時間がかかっていたのだと思う。上司からは、親会社のソニー本社へ出向することになるだろうと告げられた。後でわかったことだが、子会社の社員が欧米で勤務することは稀で、基本的に欧米勤務はソニー本社の社員が担当していた。

社員を育てるソニー

当時のソニーでは、海外赴任予定者向けに、テーブルマナー研修込みの英語研修が用意されていた。英語研修は、英語集中訓練コース（ＩＴＣ）と呼ばれ、ソニー独自の教育機関、キャリヤーデベロップメントインターナショナル（ＣＤＩ）が実施する2か月間の英語特訓コースだった。６月下旬、そのソニーの英語集中訓練コースの試験を受けることになった。個人の英語の習熟度を判断して、英語集中訓練コースのクラスを振り分ける試験だ。どのクラスに入ろうと、海外赴任は確定していた。

筆者は英語が話せなかった。だから、群馬の高崎駅を朝５時の鈍行列車で出発し、東京のソニー本社へ向かう電車の中で英語のにわか勉強をした。まず、高崎から東京への電車の所要時間と距離を答えられるようにした。中学校で習うHow longとHow farの使い分けだ。次に３（スリー）の発音練習をした。舌を突き出してトリーと発音する。それしか勉強しなかった。

試験開始予定の8時半前にソニー本社に着いた。本社の受付でアパートのような研修棟へ行くように指示され、そこの一室で英語集中訓練コースの女性英国人教師の口頭試問を受けた。偶然とは恐ろしいものだ。何と、その女性英国人教師は、高崎から東京への電車の所要時間と距離を筆者に聞いてきた。

東京までの所要時間は2時間だったが、トリーの発音を試したくて、トリーアワーズとツーハンドレッドキロメターズで答えた。そうして、最上級のクラスに振り分けられた。ほんとうにラッキーだと思った。難しいクラスに入れば、難しいことの存在が見える。易しいクラスに入れば、難しいことの存在に気づくことができない。

最上級クラスには、５人の生徒がいた。筆者を除いた4人は、当然、本社のエリートだった。出身部門がわからない1人は、途中入社の空手の黒帯だった。残りは特許部門、経理部門、それにテレビ技術部門の出身だった。筆者を含めて2人の海外赴任が決まっていた。残りの3人は海外勤務候補要員だった。期待される社員への事前教育だ。ソニー本社には余裕が有った。

空手の黒帯の人を除いて、海外勤務から帰国後、全員に会うことになった。やはり、みんな偉くなって部長以上になっていた。ずっと後になってからの話だが、経理部門出身者は、出世してソニーの財務執行役常務になった。筆者が学んだ英語クラスは、ソニー本社のエリート集団のクラスだったのだ。ただ1人、子会社出身の筆者を除いて。

研修所では、同じ建物を使ってソニーサービスの修理技術研修も一部、行なわれていた。そちらは人数も多く賑やかだった。英語集中訓練コースの日本人責任者が、静かにするようにと、しばしば修理技術研修の受講者を怒っていた。自分が怒られているようで辛かったが、ともかく本社は偉いと思った。自分は今、その本社側に座ろうとしている。古巣のソニーサービスの仲間に対して、申し訳ないような気がした。

ソニーサービスの現場でサービスマンとして働いていたとき、「本社白人、商事黄色人種、サービス黒人、部品奴隷」という言葉を毎日のように先輩社員から聞かされた。本社とは、その名のとおりソニー株式会社だ。商事とは、販売会社を統括するソニー直轄の商事会社、ソニー商事だ。サービスとは、アフターサービスを担当する会社、ソニーサービスだ。部品とは、アフターサービス用の部品を供給するソニーサービスの一部門だ。

当然のことだが、それらの会社の間には明らかな身分差別があった。ただし、部品供給部門は奴隷だと言われていたが、補修用部品供給を仕事にするソニーサービス社員の給料はソニー本社負担だった。サービスマンから見れば、補修用部品供給はノルマが無い優雅な仕事だった。

ソニーサービスの上司からは、黒人は白人には絶対になれない、といつも言われていた。黒人の筆者は、白人の中に混じって英語を勉強していた。

英語の特訓コースは、イギリスのオックスフォード大学が作成した教材を使って行なわれた。やはり、事務系の人間の英語能力が高かった。朝から夕方まで、日本語で話すことが一切禁止された。朝から晩まで英語を聞いて話していると、日本語が日本語として聞こえなくなってしまう。日本語で話している電車の乗客の会話が、英単語の羅列のように聞こえる毎日だった。

その上級クラス中の最下位レベルで始めた英語学習だったが、２か月後にはそれなりの成績でその英語集中訓練コースを終えることができた。テレビやビデオの技術は、自分で技術教科書を購入し、時間を見つけて自宅で勉強してきた。しかし、この英語学習では、給料を貰いながら勤務時間中に手取り足取り英語を教わることになった。まぐれで入った上級コースだったが、社会人になって初めて会社から恩恵を受けたことを強く実感し、真剣に英語を勉強した。それが今の自分の成長に繋がっている。ソニーにも、そういう時代があった。

ソニーが犯した人材の過ちの数々

ソニーが犯した過ちは多い。そのほとんどが1995年に就任した出井社長時代に始まっている。その一つが大賀氏の時代から引き継がれた高学歴社員の大量採用である。それを表3に示す。

高学歴社員を採用すると、間接部門が太り、直接部門が細る。高学歴（社会での差別化のツール）獲得を目指して受験勉強をしてきた社員は、当然のことながら現場での労働を嫌う。だから、命令する人が社内に増えて、現場のヒトづくりとモノづくりが衰退していく。

戦後設立されたベンチャー企業のホンダとソニーを比較してみよう。表3に示す著名6大学から2009年度にホンダへ入社した新卒者は、全893人中の134人で、15パーセントにすぎない。一方、ソニーへ入社した新卒者は、全540人中の279人で、なんと52パーセントに相当する。近年の高学歴採用者数が示すとおり、官公庁と同じように外注体質の企業へと、大賀氏の時代からソニーが急激に変身していることがわかる。

表3：高学歴採用者数の近年の推移（著名6大学卒業者採用の6年ごとの概数）

大学名	1993年から1998年	1999年から2004年	2005年から2010年
慶応大学	100人	200人	262人
早稲田大学	168人	192人	231人
東京工業大学	119人	162人	213人
東京大学	50人	175人	185人
大阪大学	10人	85人	89人
京都大学	13人	68人	71人

官公庁は強制徴収した税金を原資にして生きる。民間企業は労働で獲得した収益を原資にして生きる。年俸１０００万円の社員なら、現金換算で３０００万円は稼がなければならない。銀座のクラブで働くホステスと同じことだ。１０００万円が店の暖簾代で、１０００万円が店の場所代で、残りの１０００万円が自分の取り分になる。しかし、企業内の高学歴社員は、金を稼ぐ人ではなくて高給を貰う人である。３０００万円が稼げない高学歴社員を大量に抱えたら、人件費の増加が収益の低下を招くのは当然である。

人は大学が育てるものではない。社会（企業）が育てるものだ。高学歴であっても、ソニーに育てられ、ソニーとともに育った人は多い。過去、初代ＣＦＯとしてソニー副社長や副会長の地位にあり、最近のソニーに苦言を呈している伊庭《いば》保《たもつ》氏も、その一人であろう。

筆者が最初に伊庭氏に出会ったのは、今から40年近く前の１９７８年のこと、ベルギーのアントワープのレストランだった。欧州へ赴任したばかりの伊庭氏を囲んで、数名で食事をした。筆者の前に座る伊庭氏の印象は、失礼ながら「精彩を欠いた人」であった。日本からの長旅で疲れていたのかもしれない。

その伊庭氏がソニーの経営を担う後進のために残した電子冊子がある。300ページにわたる膨大な文書であるが、企業の資金運用に関する経験とノウハウがぎっしりと書かれている。出版されれば貴重なものであろう。しかし、ソニーの内情について記したものなので、外部で出版するのも難しい。ただ、伊庭氏が残した、この貴重な文書を今のソニーでは誰も活用していないのではないだろうか。伊庭氏はたぶん、東京大学の講義ではなくて、ソニーの実務で、企業経営と資金運用について学習していたのだと思う。

後継者は選ぶものではない。育てるものである。井深氏と盛田氏は互いに切磋琢磨して自ら育った人たちである。大賀氏は盛田氏に育てられた人である。出井氏は大賀氏に選ばれた人である。ストリンガー氏は出井氏に選ばれた人である。平井氏はストリンガー氏に選ばれた人である。

大賀氏以降、人材を育てた経営者はソニーにはいない。人材を育てる能力がなかったからだろう。人への教育とは、教育を受けるに値する人に対して、教育を施すに値する人が担うべきものである。「ヒトを残して去る者は上」、「モノを残して去る者は中」、「カネを残して去る者は下」、それが企業を次代へと繋ぐ経営者の評価である。盛田氏は、後継者にヒトを残さず、モノとカネを残して逝ってしまった。大賀氏は、ヒトを残さず、モノを残し、カネを減らしてソニーを去った。

３　人材育成の原理原則

大賀氏以降のソニー経営者は、人材育成の必要性を忘れて、自分にとって都合のよい人材を選んでしまった。それがソニーの根本的な過ちである。図Ａに人材育成の基本を示す。人材育成には単純な原理原則がある。それは絶対、必要、十分の３条件に従うことだ。それを忘れて枝葉末節の方法論や細かいカリキュラムに拘っていても、人は育たない。

人材育成の３条件と順序

⑴　絶対条件（早期）人材育成のタイミング
繁忙と閑散を早期に繰り返す行為「低度から高度」のこと

⑵　必要条件（経験）人材育成の量的側面
繁忙のなかで覚えるという行為「経験から学習」のこと

(3) 十分条件（思考）人材育成の質的側面
閑散のなかで考えるという行為「思考から模索」のこと

鉄は熱いうちに打ち（絶対条件）、他人の飯を食わせ（必要条件）、そしてかわいい子には旅をさせる（十分条件）。絶対条件は、人が自力で育つ能力を身につけるために欠かせない。人間は若いときほど成長が著しい。絶対条件を忘れないようにして、次のステップに進むのは25歳ぐらいまでだろう。しかし、会社の業務のように複雑な仕事の管理職になると、35歳から40歳ぐらいが他人の手による学習の終了期に相当する。それまでに海外勤務や子会社勤務のような他流試合を済ませておくべきだ。それは未知の体験により、試行錯誤を済ませるべき時期だからだ。50歳を過ぎて高い役職に就いて偉くなって、その実務の場で試行錯誤をされたら、それは周囲の迷惑になる。老人になって国際機関などで偉い役職に就いた日本人には、外国人の使い方や海外の風習などを初めて学習して、そこで仕事以外の対応に労力を使って、それで仕事の実績を残さずに帰国する人が多い。

図Aの円の左側が、他人の手による教育である。円の右側が、自分で自分を育てる教育であり、そこでの他人の立場は、育てるべき人が自分で育つのを見守るしかない。そして、その育った人のなかから人材を選ぶ。つまり、選ぶ前にすること（円の左側の部分）がある。経験と学習が本物になるには、どうしても時間がかかるし、その長さは素材によって

図A：人材育成の原理原則

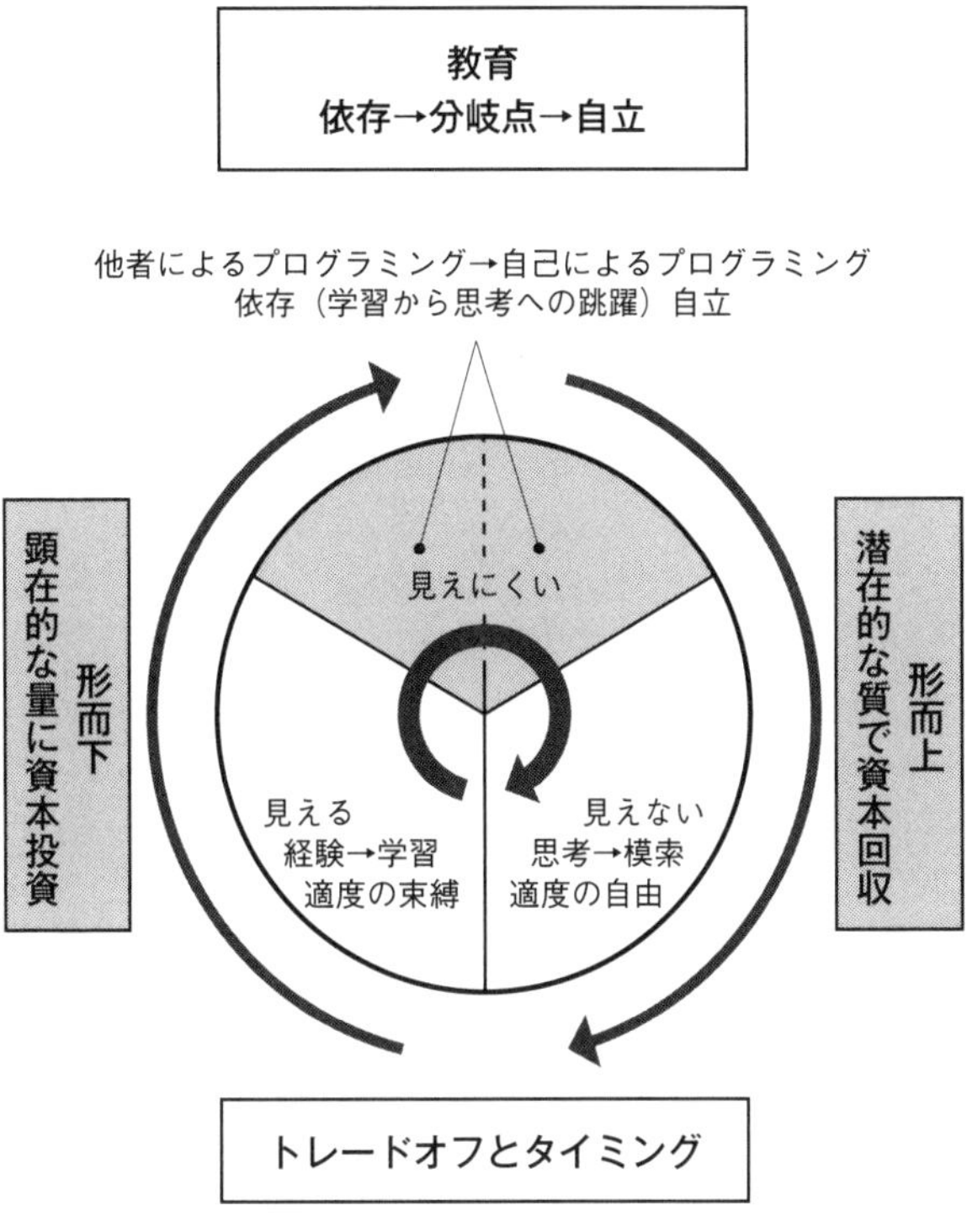

違う。

野性という言葉をネガティブに受け止める人は多い。しかし、野性という言葉は、人が人間へと成長する過程で必要とされるポジティブな概念を表わす言葉である。人は野性化の過程（依存から自立へ）を経て、初めて人間に成長できる。野性化の過程を経なければ、家畜に逆戻り（依存のまま）してしまう。

人材育成において、その絶対条件と必要条件を満たすことは簡単だが、十分条件を満たすことは本人の自覚と努力が必要で、他人の手では難しい。したがって、早期のＯＪＴ（職場内教育）をとおして、自力で育つ逸材を探し出すことになる。ただし、若者を重要な仕事に登用してはいけない。若者は育てるものだからだ。教育の対象ではあるが、活用の対象ではない。役職や地位が人を育てるというが、それは個人の資質によって違う。育たない人は育たない。

他人から自分が評価されるなら「休まず、遅れず、働かず」になる。すなわち、本質よりも現象を重視することになる。休むと遅れるは、現象であり、誰にでも見える。しかし、働いて仕事をしたかどうかは、本質であり、時間をかけて人の行動と結果を観察しないとわからない。一方、自分で自分を評価するなら「休んでもよい、遅れてもよい、しかし働け」になる。人材育成における適度の束縛とは、たまには休んでもよいし、遅れてもよいということである。適度の自由とは、自主的に働いて仕事に結果を残すことである。すなわち、適度の束縛と適度の自由とは、現象よりも本質に優先性を置くことである。

覚えることと考えることの違い

最近、わからないことがあると、すぐに他人に聞く人が多い。しかし、他人に聞く前にするべきことがある。それは自分で考えることだ。人間は、まず覚えなければならない。覚えるという行為は従属を意味する。次に考えなければならない。考えるという行為は自立を意味する。もちろん覚えることが先であるが、そこから自立へ移らなければならない。それが難しい。なぜなら、機械と同じような仕事なら、覚えるだけでできるし、それで生活ができる。たくさんのことを覚えていて、素早く反応したら褒められる。どこかの著名な大学の入学試験に似ている。

受動的な聞くという行為は、能動的な話すという行為のためにある。同じく、受動的な読むという行為は、能動的な書くという行為のためにある。教育に必要なことは、読む、書く、乗除算《じょうじょざん》である。そのツールを使って未来を考えることができる。語彙《ごい》が増える社会なら文化が進化している。語彙が減る社会なら文化が退化している。聞く、話す、加減算《かげんざん》だけの簡単なツールでは、今のことは考えられても先のことが考えられない。

人間としての生活ツール

話す言葉：聞くと話す、伝える道具
書く言葉：読むと書く、考える道具

書く行為でも、筆談や手紙、電子メールなどは話すことが重点になる。それとは対照的な存在が論文や書籍である。一方、テレビや新聞は、強制的な教育媒体という一面を持つ。ラジオ・テレビ放送と全国紙新聞は、国家権力者にとって重要な、国民の洗脳媒体である。定期的に自宅や企業へ配本される雑誌や回覧板も同様である。書店で購入する本は、いつもその逆の役目を担っている。それは情報の獲得が受動的であるか、能動的であるかの違いである。しかし、その本でさえ、テレビや新聞の広告記事で売れ行きが大きく左右される時代になった。

他人に提案（プレゼンテーション）をするには、その相手の理解度と自分の要求レベルのバランスが重要になる。そのバランスを無視してはいけない。相手の顔は大人でも、その心は幼児または青年かもしれない。まず、語彙と経験のない幼児（初心者）には**絵で説明**する。わからないなりに、少しは育つ。経験よりも語彙が育つ。次に、経験よりも語彙が先行した青年（中級者）には**事例で説明**する。わからないけれど、わかったつもりになれる。もちろん、さらなる経験が必要である。次に、語彙と経験のバランスがとれている成人（上級者）には**文章で説明**する。語彙と経験が豊富なら、理解するだろう。そうして顔と心の両方が大人（習熟者）になれば、豊富な語彙と経験を基礎にして、文字による思考レベル（自分で書くという行為）に到達し、現象の原理原則（本質）に自ら気づく。

近年のソニーの取締役には、社内取締役や社外取締役に関係なく、絵（パワーポイント）を使った説明を好む人が多くなったような気がする。仕事の内容を理解するだけの語彙と経験がないからだろう。実際、ソニーで偉くなった社員のほとんどが、仕事の実力は別にして、パワーポイントの使い手である。それが出世の条件になっているのだろう。また、世の中の学者には、事例研究を好む人が多い。それも、企業の実態を説明するだけの語彙があっても経験が足りないからだろう。たくさんの事例は、わかりやすい講演材料や教科書になる。もちろん、聞き手や読み手に経験が足りない場合である。

交渉を可能にする人材

企業には仕事のプロセスが定められている。したがって、それらの詳細を覚えなければ仕事にならない。しかし、十分に仕事を経験していない者に、そのプロセスを座学中心で教えるのもどうかと思う。実務経験がなければ、業務プロセスの必要性を感じないし、身につくとも思えないからだ。業務プロセスについては、必要に迫られて学ぶことが、いちばん効率的だろう。

業務プロセス以上に大事なことがある。それが日常的な交渉、会議、闘争と、それに伴うロビー活動である。企業活動には、どうしても人と人との交渉が必要になる。高度な交渉力には、人や組織の行動に関する深くて広い知識と経験に加えて、社会や文化の違いに関する理解が欠かせない。

社会生活で自分の意思を通すには、交渉のほかに会議や闘争という手段も必要になる。人の心を欲という動機で動かす、それが交渉だ。組織（複数の人）を民主的に動かす、それが会議だ。会議を迅速かつ確実に終わらせるための手段が「事前交渉」だ。組織（複数の人）を専制的に動かす、それが闘争だ。闘争を軽微な負担で短期に終わらせるための手段が「事中交渉」だ。そして弁護士的な仕事は「事後交渉」になる。

交渉とは、理詰めで議論するディベートのことではない。もっと人間の根源的な部分——自分の欲と相手の欲とのぶつかり合いのことだ。ただし本物の交渉力は、ふつうの会社勤務や社会生活などの経験で得られるものではない。また、交渉術の本を読んだり交渉術セミナーに出席したりして得られるものでもない。それよりも、自分が所属する組織から離れて、企業や国家の代表として独力で交渉に当たったり会議に出席したりして、数々の失敗を重ねながら得られるものだ。

今のソニーに欠けているのは、そういう経験を積みながら育った、盛田氏のような人材である。大賀氏の時代までは、盛田氏に育てられた人材――すなわち依存から脱却して自立した人材がソニーに溢れていた。

第3章　破壊された技術（モノ）のDNA

第3章では、大賀典雄氏の後継者選びの真実について語り、続いて大賀氏が後継者に選んだ出井伸之CEOの人材育成と技術活用の失敗のうち、特に技術活用の失敗について語る。

1　大賀氏はなぜ出井氏を後継者に選んだのか？

ここで大賀典雄氏の後継者選びについて、その理由を筆者なりに述べる。後継者選びは前任者の意思で決まる。だから第三者の筆者が、それを正確に語ることなどできない。しかし、ソニー本社の中にいたからこそ見えたものがある。

筆者にとって、大賀氏の後継者の人選理由は明らかである。スキャンダルで当時の週刊誌の話題になっていた、**筆頭社長候補役員の森尾稔《もりおみのる》氏を社長にするのは難しい。かつ、盛田良子夫人の推しは出井伸之氏である。**それが出井氏を後継者に選んだ理由であろう。ネガティブな発想の人選だったと思う。

大賀氏が後継者に選んだ出井氏は、社長時代の最初の5年間、曖昧模糊《あいまいもこ》としたフレーズを持ち出したこと以外、何もしなかった。しかし、彼が口にした「デジタル・ドリーム・

キッズ」と「リ・ジェネレーション」の言葉を企業経営のビジョンだと勘違いして出井氏を賞賛した人は、マスコミだけでなく大多数のソニー社員だったことも事実だ。

当時、コロンビアピクチャーズの買収に伴う放漫経営などで、ソニーは2兆円という巨額負債を抱えていた。しかし、その負債もエレクトロニクス事業で得た黒字を少しずつ返済に向ければ、ソニーにとって従来と同じように研究開発を続けながらも、10年以上をかければ決して返せない額ではなかった。

1995年、14人抜きの抜擢で常務取締役からソニー社長へと昇格した出井伸之氏。その就任の年から翌年の5月まで、彼は社長としてほとんど何もしていない。ソニーの事業の内実がわからなかったからだ。彼が社長としてソニーの経営に無謀な采配を振るい始めたのは、1996年5月7日に東京ディズニーランドで開催されたソニー創立50周年記念イベントからのことである。

出井伸之

第2章で述べたように、盛田昭夫氏が大賀氏に社長を引き継いだ時代のソニーに、社長候補は2名いた。業務用オーディオ・ビデオ機器のビジネスで技術的な実績を残していた森園正彦氏と、盛田氏の6歳下の実弟、盛田正明氏の2人である。どちらも理系の人物である。しかし、早くからソニー社内の仕事に関与していた、盛田氏の2歳下の実弟、盛田和昭《もりたかずあき》氏と違って、正明氏には特別な実績がなく、社内での社員の認知度は低かったと思う。

盛田昭夫氏は、26歳でソニーに入社した自分の次男、盛田昌夫《もりたまさお》氏を将来の社長に描いていたと思う。しかし、まだ彼は入社1年目の27歳だった。彼の社長就任まで、20年以上の歳月の経営を誰かに任せなければならない。そのとき盛田氏の意中にあった人物が、盛田家の外にいて技術開発の実績があった森園正彦氏だったのではないだろうか。そして、もう1人の可能性を持つ候補が盛田正明氏だったのではないだろうか。決して、大賀氏ではなかったと思う。

森園正彦氏を品川本社から厚木TECへ異動させ、盛田正明氏を品川本社からソニーアメリカへ異動させた大賀氏。これでは大賀氏の後継者が決まらない。そこに出てきたのが、盛田昭夫氏の妻、良子夫人が推す出井氏である。森園氏を嫌っていた大賀氏は、次善の策として出井氏を選んだのだと思う。病床の盛田氏は、ソニーの先行きを心配しながらも、それを追認せざるを得なかったのだろう。

ソニーの人材のDNAを壊した大賀氏を引き継ぎ、**ソニーの技術のDNAを徹底的に壊した最大の責任者は出井伸之氏**だろう。彼は「デジタル・ドリーム・キッズ」と「リ・ジェネレーション」を経営スローガンにした。しかし、新しい時代を夢見るソニーは、新しく生まれ変わることができずに、衰退の一途を辿《たど》ることになった。

2　技術の意味を知らない経営者

技術を知らない出井氏は、数字だけで経営を理解しようとしていたように思う。遠い将来への技術開発投資の必要性を知らず、目の前の利益以外が理解できず、技術開発という持ち出しが将来の利益を生むこと、それが理解できなかったのだろう。ソニーは、アップルよりも早く、「ネットワークウォークマン」というメモリー内蔵型の携帯オーディオの商品化に成功している。しかし、著作権保護技術の活用を重視してしまい、アップルと同じような使い勝手のコンテンツダウンロードビジネスに進むことはなかった。

その理由をグループ内に抱えるソニー・ミュージックエンタテインメント（ＳＭＥ）という世界的な音楽会社に遠慮した結果だという人は多い。事実はまったく違う。本社上層部（出井氏の側近）に、著作権保護技術を押さえて、それを同業他社に使わさせて、座して稼ごうとする管理職がいたからだ。モノを動かして苦労して稼いで大勢の社員を養うよりも、楽して稼いで本社の一部の社員が高給をとる、そういう発想である。

ソニーの強みとは何だったのだろうか？　どうやってここまで成長してきたのだろう

か？　それは新規技術の開発であり、その技術を応用した商品の市場創造である。それがソニーの原点である。ソニー創業者の一人、井深大氏は「日本発、世界初のものを創ってこそ、人より先に進むことができる」と言った。日本発、世界初のもの……それはアイデア商品のことではない。モノづくりの基本は、アーキテクチャーやアルゴリズムではない。革新的なデバイスである。

１９９４年に中央研究所が廃止され、それからのソニーに本物の技術研究所はない。情報通信研究所やマテリアル研究所は残されたが、本格的な材料開発の研究所がなくなってしまった。これではアイデア商品は造れても、画期的な商品の開発ができない。参考までに、ソニーの技術が輝いていた１９７０年代のソニー中央研究所の組織構成を次ページに示す。その組織構成に、当時のソニーが基礎研究にかけていた情熱が窺える。

青色ＬＥＤの開発も、ソニー中央研究所で行なわれていたが、青紫色ＬＥＤの開発と実用化に遅れて、その技術を日亜化学から導入しようとした時点で、ソニーの研究開発がおかしくなったと思う。中央研究所が解体されてから、ソニーに本格的な材料開発はなくなった。また、井深氏の肝《きも》いりで設立されていた、超能力研究のエスパー研究室も廃止されてしまった。ソニーに余裕がなくなったのだろう。

すぐに利益が出せない、このような基礎研究は、組織の中では経営者が特別な配慮をしないと、組織の巨大化にともない、今のソニーのように簡単に潰されてしまう存在である。

その反面、企業の存続のためには欠かせない活動であり、経営者が強い意思を持って守り続けなければならない存在である。ただし、研究開発の成果は、永遠に開花しないかもしれない。また、50年先に開花するかもしれない。それは誰にもわからないことである。したがって、その仕事には多種多様な困難があり、それに立ち向かう熱い想いを持つ研究者の集団が必要である。

技術がわからない経営者には、「既存の部品を使った思いつきのアイデア商品」と「材料開発から生み出された画期的な製品」の区別ができない。研究開発に向いた組織構造については、第４章で述べる、チームまたはタスクフォースに関する記述を参考にしてほしい。アイデア商品については、第５章で述べる「シード・アクセラレーション・プログラム」を参考にしてほしい。

ソニー中央研究所の組織（１９７０年代）

材料研究室
記録材料研究室
半導体研究室
磁気記録研究室

材料解析研究室
シリコンテクノロジー研究室
副所長研究室（人間の五感の研究）
技術室
研究情報室
事務室

「ヒトを残して去る者は上」、「モノを残して去る者は中」、「カネを残して去る者は下」、それが企業を次代へと繋ぐ経営者の評価である。人材育成ができず、自分の巨額報酬を目指す経営者たち。出井氏は、ヒトを残さずに、モノとカネの両方を減らしてソニーを去った。

3 技術活用の原理原則

経営とは、技術を商品に変え、その商品で得た金を新たな技術へ投資すること、その繰り返しのことである。モノづくりを伴わない経営は、すべて虚業である。モノづくりに「製造・組立」という貧弱な定義を与えてはいけない。モノづくりとは「能力＝技術」を「食糧＝金銭」に変えることだと理解するべきだ。技術活用の原理原則を知らずして、経営の詳細を議論しても、何も始まらない。

実業と虚業の違い

虚業とはカネがカネを生むビジネス、利鞘《りざや》のビジネスのことだ。同じ利鞘のビジネスでも、商品流通の仕組みをとおして消費者に市場利便性を提供し、低額なモノを高額なモノに変えて稼ぐ「**労働的手数料ビジネス**」は、その存在意義が納得しやすい。一方、銀行や証券など、ルールに依存して単純にカネをカネに変えて利鞘を稼ぐ「**資本的手数料ビジネス**」は、その存在意義が納得しにくい。

貨幣社会では、利鞘のビジネスを単純に否定するわけにはいかない。実際にモノを造らない販売業なら、今日の仕入れに最大の投資をして、明日の販売で最大の利益を得ることも立派な経営である。仕入れ（投資）と販売（利益）の両者のバランスをとりながら、経営リスクを最小限度に維持することが利鞘のビジネスの経営だ。しかし、リスクを恐れる経営者は、無意識のうちに出金ビジネスの仕入れに投資することを忘れてしまい、やがて入金ビジネスの販売だけに注力するようになる。そして滅びる。

ビジネスの本質を理解するために、実業と虚業という2種類の事業の違いおよび資本家と労働者という2種類の立場の違いから、ビジネスを分類して考察してみる。座して稼ぐのが手数料ビジネスであり、手数料とは利鞘だと理解してほしい。

実業：食糧（モノづくり）ビジネス

(1) 実業をする資本家（モノづくりの経営者）

・モノを活用する手数的労働力ビジネス
・民間インフラや農・林・漁・工・商業など、モノの生産を管理する人
・基本的に自由な民営組織ビジネス
・富裕社会になると、虚業をする資本家が増える

(2) 実業をする労働者（モノづくりの労働者）

・モノを活用する生産的労働力ビジネス
・民間インフラや農・林・漁・工・商業など、モノの生産に従事する人
・基本的に自由な民営個人ビジネス
・富裕社会になると、虚業をする労働者が増える

虚業：文書（カネづくり）ビジネス

(1)　虚業をする資本家（カネづくりの経営者）

・契約を利用する資本的手数料ビジネス
・国家インフラや銀行、証券、競輪、競馬、宝くじなどの手数料ビジネスを管理する人
・基本的に自分の舞台装置を使う国営ビジネス
・どんな社会でも廃れない、細かく多く金を集める権力ビジネス

(2)　虚業をする労働者（カネづくりの労働者）

・契約を利用する労働的手数料ビジネス
・国家インフラや銀行、証券、競輪、競馬、宝くじなどの運用益ビジネスを実行する人
・基本的に他人の舞台装置で踊る個人ビジネス
・どんな社会でも廃れない、庶民が生活資金を散財する奉仕ビジネス

カネづくりのビジネスの典型は、モノを必要としない、ルールだけに依存する、賭博の

ようなビジネスだ。ただし、同じ運用益ビジネスでも、スロットマシーンやパチンコなどは、出る台を個人の努力で時間をかけて選べばほとんど負けない「**労働賭博**」だから、完全他人依存の競輪、競馬、宝くじ、ビットコインなどの「**資本賭博**」に比べると少し毛色が違う。

食糧生産が安定して社会が徐々に豊かになると、食糧生産の重要性が忘れられて、社会全体のベクトルが、カネが儲かるビジネスへと向かい、実業のビジネスが減っていき、虚業のビジネスが増えていく。しかし、虚業ばかりでは社会が成立しない。ビジネスには生産のビジネス（実業）と利鞘のビジネス（虚業）の2種類があり、前者が野性化した人間特有（自然）の食糧獲得ビジネスになり、後者が機械化した人間特有（人工）の金銭獲得ビジネスになる。これら2種類のビジネスを混同して考えてはいけない。本能を忘れて機械化した人間は、徐々に後者のビジネスしか理解できなくなってしまう。しかし、前者のビジネスの重要性を忘れてはいけない。モノを造らないと、食べて生きることができなくなるからだ。

中国はモノづくり大国なのか

モノづくりの事業対象には、大別して素材、部品、機器、装置（システム）の4種類がある。ふつうのモノづくり企業は開発ベンチャーからスタートし製造販売業までに至るので、これらの事業すべてを自社内にもち、開発、製造、販売という垂直統合型の企業になる。しかし、大企業は自然に素材と部品の外注化比率を高めていく。機器と装置は収入が見えるからだ。扱う製品が消費者から見えるので、量に比重を置かなければならない。一方、中小企業は自然に素材と部品が事業対象になる。野心的なメーカーでもない限り、下請けの仕事を続けるからだ。扱う製品が消費者から見えないので、質に比重を置かなければならない。質に比重を置く例外としての大企業が、化学メーカーのような素材専業企業である。

これらは中小企業が受注体質であり、大企業が発注体質であるという、国内の企業規模構造を意味している。本質（見えない技術）を現象（見える商品）に確実に変換している限り、規模の拡張を考えずに、将来にかけて中小企業に留まることは構わない。ただし、安定した経営には、技術から商品への確実かつ継続的な変換が必須である。また、発注元の需要の大小に振られないために、半自立と半従属の両輪経営も必須である。従属の系列の親元は、官庁系大企業と非官庁系大企業とに分けられる。前者への従属は安定しているが、自力での成長が望めない。後者への従属は不安定であるが、自力での成長が望める。完全な従属体質であっても、完全な自立体質であっても、企業経営は不安定になる。

近年、台湾や韓国、中国など、人件費の安い工業発展途上国の躍進に危機感を覚える日本企業、特に製造業が多くなった。しかし、何も心配することはない。中国は世界の製造工場だといわれているが、その実態はまったく違う。過去、東京に工場を構えていた製造業は、労賃の安い東北へ工場を移した。その東北地方の工場を買収した台湾OEM製造業は、やがて労賃の安い台湾へ工場を移し、さらに労賃の安い中国へ工場を移した。中国のOEM／ODMなどの製造業は、その人件費高騰に困り、今では中国西部やミャンマーへの移転を考えている。もし、ミャンマーが富裕化し、その労賃が高騰したらどうするのだろうか。

このような事業分散は、輸送網の発達による社会の広大化によって引き起こされる。まず、鉄道の発達により国内の大量輸送が可能になり、国内分散が始まる。次に、巨大貨物船による大量の海外輸送や巨大貨物機による高速の海外輸送が可能になり、国際分散が始まる。そして、やがて分散から集中への回帰が始まる。そういう単純な理論だ。

労働は労賃の安いところから高いところへ移動し、製造は労賃の高いところから労賃の安いところへ移動する。それが原理原則だが、それも永遠には続かない。すでに富裕社会に至った日本では、開発、製造、販売業の本来のあるべき姿がすでに見えるようになった。日本語を話す極東の黄色人種が国際ビジネスへ進出する、それを可能にする源泉は技術にしかない。

垂直統合で捉えた事業形態の段階的分類

①ORD（Original Research & Development）
②ODM（Original Design Manufacturing）
③OEM（Original Equipment Manufacturing）
④OBM（Original Brand Manufacturing）

図4に製造販売業のモノ（技術）指向からカネ（商品）指向への移行を示す。左下の技術開発と右下の商品販売の中間にある製造だが、この製造に使う装置には2種類がある。一つが技術開発に繋がる頭脳的な製造装置だ。つまり、他社にとって真似ができない、真似が難しい、真似したくない、自家製造装置になる。もう一つが製品の大量生産につながる手足的な製造装置だ。つまり、同業他社や製造装置販売企業から購入できる汎用的な製造装置になる。

図4の各部を最近流行の外注ビジネスで段階的に分類すると、①ORD、②ODM、③OEM、④OBMになる。ただし、①のORDは一般的な呼称ではなく、筆者の造語である。どんなビジネスでも他人の頭を借りてはいけない。もちろん、忙しいときは他人の手

図4：統合（集中）と分業（分散）のビジネスモデルと、時間経過の関係

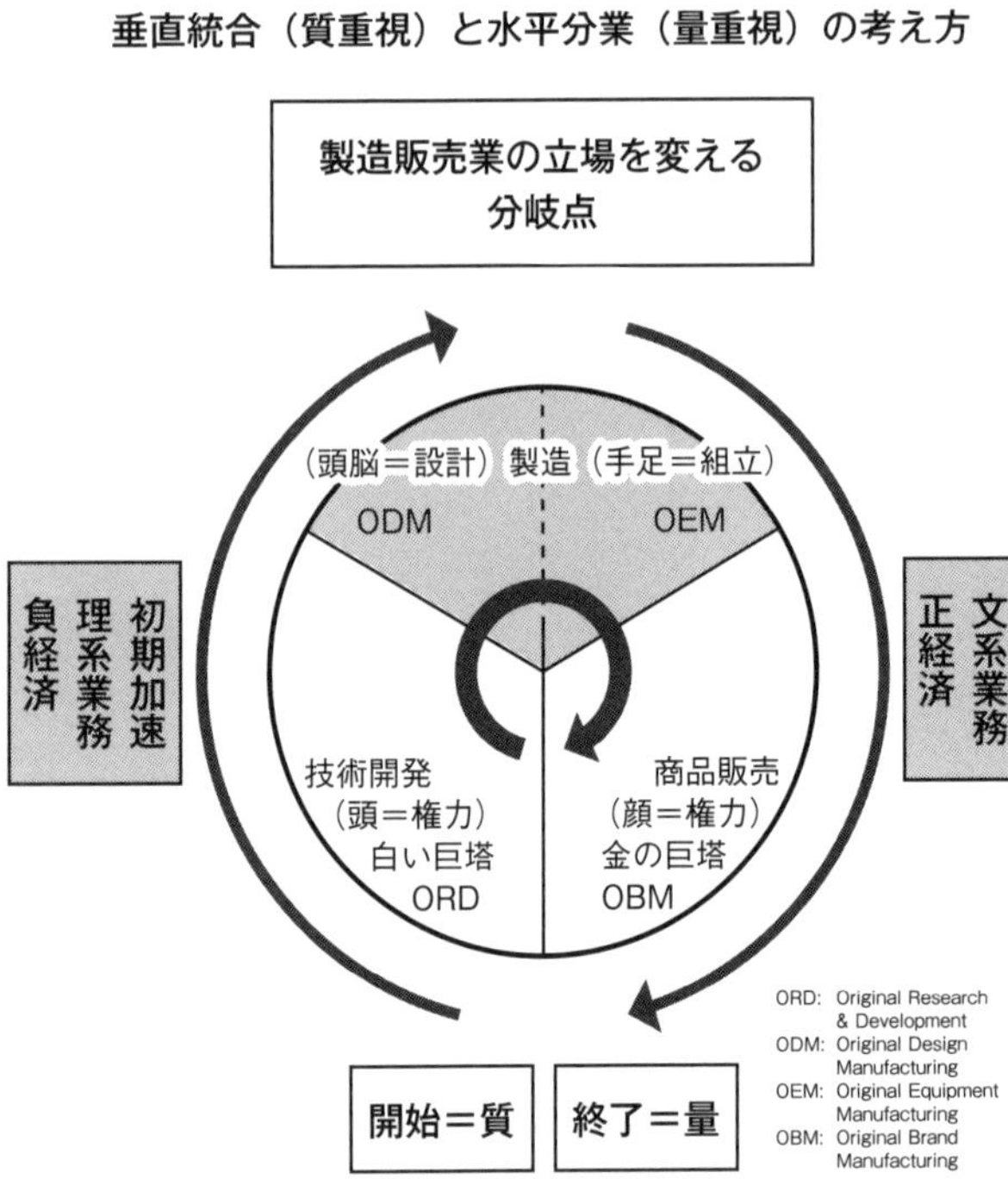

を借りる。ただし、借りるのは手だから、それは単純作業に限る。

いわゆる製造工程は、図4の上部に示すように頭脳（ODM）と手足（OEM）の2段階に分けられる。OEMを顧客にした生産機械の設計・製造・販売に特化するビジネスは、その対象が人間労働ではなくて機械労働であっても、結局、口入屋《くちいれや》（人材斡旋業）と同じである。その違いは、商品が人ではなくて機械であることだ。つまりOEMは、技術とノウハウの塊の生産機械の商売または低賃金労働の商売になる部分である。

円の上部中央は、開発業から組立業へという、製造販売業の質から量への分岐点を示している。頭脳製造が日本の役割なら、手足製造は人件費や設備費の安い韓国、中国、台湾の役割、すなわち③は工業発展途上国が得意とする分野になる。また、図の左半分は、モノづくり、人間依存、形而上の仕事、見えにくい、時間短縮が難しい、文系が理解できない、という特徴を示している。図の右半分は、カネづくり、機械依存、形而下の仕事、見えやすい、時間短縮が易しい、理系が興味をもたない、という特徴を示している。

中国が得意とする受託製造業をモノづくりの一環として捉えている人は多いが、その実態は図4に示すようにモノづくりではない。銀行業と同じくカネづくりである。つまり、安い労賃を高い製品に変えているだけのビジネスである。現在の中国の役割は円の右上60度の範囲だが、円の左半分全体がモノづくりのビジネスで、円の右半分全体がカネづくりのビジネスだと捉えるべきだろう。台湾や中国、韓国の企業の多くは、カネづくりのビジネスの一部を担っているにすぎない。

1960年代にソニーが販売したトランジスターラジオの多くが三洋電機に製造委託した製品だった。その後、ソニー製品の製造委託が東北地方の工場に移り、その工場の運営がホンハイ（鴻海精密工業）に移り、そのホンハイの製造が台湾に移り、そして中国に移った。このような外部委託製造は、ずっと昔からあったもので、近年に始まったものではない。人件費高騰の速度と交通輸送網の発達により、その移転速度が速くなり、その移動範囲が広くなったにすぎない。

モノではなくて情報通信でいえば、ORD、ODM、OEM、OBMは次のような分類になる。ソフトウェアの重要性が技術開発からアイデアへと移行している。しかし、重要なのは①と②である。しかし、③と④はとっつきやすくてわかりやすい。

〔ソフトウェアで捉えた事業形態の段階的分類〕

①マイクロプロセッサーとOS
②ファームウェア（組み込みソフトウェア）
③アプリケーションソフトウェア（Office、Internet Explorer、ゲームなどのプログラムをベースにしたもの）
④コンテンツソフトウェア（音楽や映画のような観賞用データの塊）

国内各種産業界への警告

国内エレクトロニクス業界の衰退と同じ轍を踏まないために、前出の図４を使って水平分業の時間的および技術的な脆弱性《ぜいじゃくせい》を説明する。ソフトウェアに関しては、ＭＰＵと機械語やニーモニック、各種プログラミング言語の組み合わせが①に相当する。ＯＳに近いベースソフトウェアは②に相当し、その上で動くアプリケーションソフトウェアが③に相当し、各種コンテンツが④に相当する。

〔特徴的な企業のビジネス〕

・ＩＢＭは①から出発し、④までに至る垂直統合型企業だったが、最近では④のビジネスに特化している。
・インテルは②から④までをビジネスにしている。
・ソニーは②から出発し、①に向かい（磁気テープやトランジスターの開発）、それから①から④までのビジネスをしていた、全体（垂直）統合型企業だった。しかし、今では①と②を捨てて、③は外注し④だけに集中している。
・パナソニックは③と④から出発したが、②のビジネスへ触手を伸ばしている。

・ＩＢＭのパソコン事業を買収したレノボも③と④のビジネスに特化していたが、②のビジネスにも進出しようとしている。
・アップルは②と④のビジネスに集中し、③のビジネスは外注する、部分（水平）分業型企業である。
・ハイアールは③と④のビジネスに特化している。①と②は何とかしようと模索中である。

以上、**長期的視野**（部分統合＝②＋③＋④）と**中期的視野**（部分分業＝②＋④）、**短期的視野**（部分専業＝③または④）、**永続的視野**（全体統合＝①＋②＋③＋④）の違いへの考察から、企業間の技術格差拡大の動きや国家間の賃金格差縮小の動きに従い、どの企業が繁栄し、どの企業が衰退するか、それがわかると思う。③のビジネスでは、国内では作業時間短縮（効率化＝頭脳活用）を目指し、中国では作業人数の増加（大量化＝手足活用）を目指すべきだろう。製造とは②と③の連携作業のことであるが、②の部分を放棄した企業は、自ずと価格競争に巻き込まれて衰退してしまう。自動車でいえば、量で売る大衆車なら若干の②を残し、③と④のビジネスに集中すればよい。しかし、技術で売るフラッグシップ車なら、①から④までの全体統合ビジネスを死守しなければならない。時間をかければ、必ず質（技術）が量（価格）に勝つからだ。

③の量（低賃金と大規模労働力）の外注に全面依存し、かつ④の商品販売に特化したビジネスは、名目上の製造販売業にすぎない。だから、一時的に繁栄することはあっても、工業発展途上国（または外注企業）の労賃高騰により自然とビジネスが衰退する。重要なことは、垂直統合と水平分業のビジネスを意識的に使い分けながら同時進行させること、それに業種と事業規模に見合った経営戦略モデルを選ぶこと、これらの二つである。

短期的に見れば高度な技術（質）が大量の低価格（量）に負けることがある。しかし、長期的に見れば、大量の低価格（量）は必ず高度な技術（質）に負ける。韓国や台湾、中国など、工業発展途上国のＯＥＭ／ＯＤＭに、単純に自社ビジネスを丸投げしてはいけない。ＯＥＭ／ＯＤＭの利用は、国内地方間賃金格差や国家間経済格差の幻影だと見るべき一過性の現象にすぎない。

モノづくりとは何か

何度も繰り返すが、モノづくりとは、製品の組立工程のことではない。質と量を相互に移転させることである。その一連の流れの詳細を図Ｂに示す。開発、製造、販売の各段階のすべてに質の創造と量の拡大という2種類のビジネスが含まれている。表4に開発（素材中心）、製造（部品中心）、販売（機器中心）の特徴とビジネス（差別化）の違いを示す。

表4：素材、部品、機器の特徴と差別化のビジネス

	特　徴	差別化
素　材	石と木と鉄、合成金属・繊維・樹脂、バクテリアなど	質の創造
部　品	軽重、薄厚、短長、小大、遅速などの極端	質の創造 ＋ 量の改革
機　器	技術革新による斬新なデザイン	質の創造 ＋ 量の改革 ＋ 商品の創造

業種や組織に関係なく、すべての経営者が認識するべきビジネスの特徴と技術活用の原理原則を示しているのが図Bである。図Bの円の左と右を切り分けると、事業の特徴がよくわかる。同じ製造販売業でも、現在のエレクトロニクス製品企業（右下）の利益率は2パーセントぐらいであるが、素材製品企業（左下）の利益率は5パーセントから20パーセントぐらいになる。円の左半分の特徴は、本質重視、性能競争、質労働時間、高利益率、知財権重点ビジネスだといえる。一方、円の右半分の特徴は、現象重視、価格競争、量労働時間、低利益率、標準化重点ビジネスだといえる。

垂直統合と水平分業のビジネスの意味

富裕社会に至ると、人々は考える行為（図Bの円の左半分）を放棄してしまい、質的な成長をしなくなる。図Bは、各事業段階別の身体的担当（頭脳と手足）に加えて、製造

図B：技術活用の原理原則

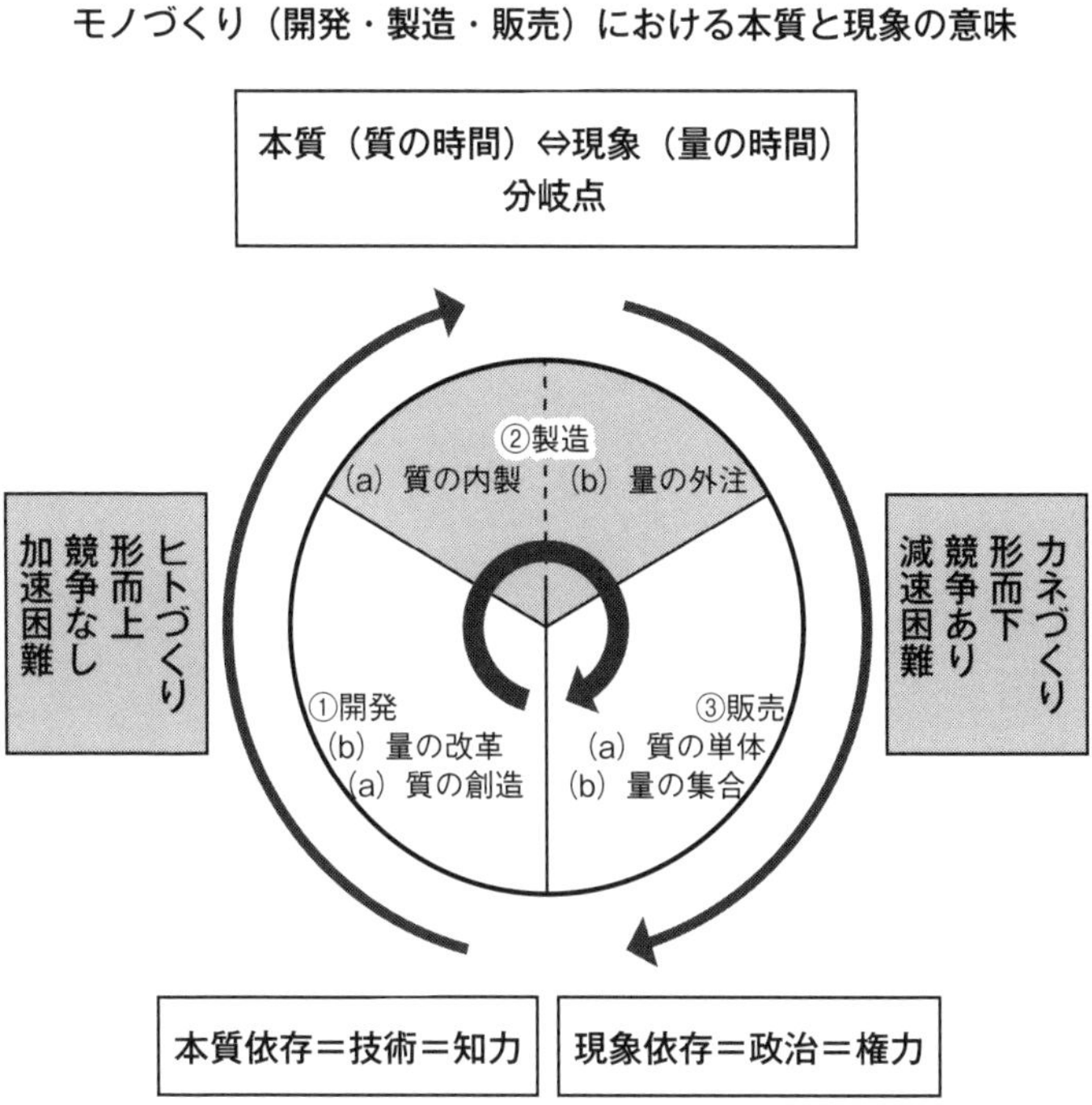

販売業の技術開発と商品販売の事業トレードオフと、自社事業売却のタイミングも示している。

工業発展途上国（韓国や中国など）と工業先進国（日米欧）を同一視してはいけない。ソニーとサムスンや、ソニーとアップルを比較してもいけない。敗戦国で、非白人国で、かつ先進国になってしまった日本の企業には、それなりのビジネスの方法がある。組織を永続させるには、ビジネス分野の定期的な棚卸しが必要だ。技術開発をともなわない製造業は、すでに単なる組立業である。その組立業を使うのは、単なる商品販売業である。

ＯＲＤについては、他社がまねできない新技術を開発して、業界の最先端を走ること、あるいは新しい業界を創造することが必要である。しかし、多くの日本企業の既存事業は、すでに成熟化しているものが増えている。したがって、自社保有技術の新たな分野への展開も考えなければならない。

たとえば、ホンダのジェット機ビジネスへの参入、富士フイルムの化粧品ビジネスへの参入、キリンビールの発酵技術による医薬品事業への参入などだ。これらは既存事業の技術を以って異業種へ参入し、企業生命を維持しようとしている例である。

もちろん製造業にとって、既存の自社事業で新たな価値を創造するには、革新的な技術を開発すること〝**技術の縦展開**〟が必要である。確かに先端技術開発は重要だが、その多くは研究開発から製品化までに相当な時間を要するし、事業化するまでのリスクが高い。

それなら、既存の事業で磨いた技術を異業種の市場へ展開すること〝**技術の横展開**〟も同時に考えなければならない。そうなると異業種において中核となる技術開発の必要性は低くなり、製品・サービス化までの時間が短くて済む。また、すでに既存事業での実績があるため、顧客を説得しやすい。

その既存技術による異業種市場への参入が、新市場の創造ではなく、既存の製品・サービスからの置き換えであれば、市場参入リードタイムの短縮化や市場形成の加速化も可能である。さらに人材やノウハウ、設備などの経営資源の転用も可能であり、それらを新たに求める必要性もない。

もともと、自前の技術が不要な経営はない。他人の技術を借用する経営もない。すべての経営は技術活用に基づく経営である。農業、漁業、林業、畜産業などが成立して、はじめて銀行業や証券業が成り立つ。また、国家経営も成り立つ。経営とは能力（技術）を商品（金銭）に変えることであり、さらに結果（金銭）を将来（技術）に変えることである。その経営ができない企業や国家は必ず衰退して滅亡する。

技術に関する「開発」とは、設計や製造技術のことではない。質の創造または量の改革のことである。それは素材ビジネスと部品ビジネスに相当する。事業にはヒトが要る。ヒトには頭脳と手足が要る。手足は頭脳で動く。だから、自分が経験した手足の役割の一部は外注が許される。しかし、頭脳は一部でも外注してはいけないし、手足のすべてを外注してもいけない。

国内企業経営者への警告

放置すれば、人は易きへと走る。経営も同じである。特に富裕時代になると、楽をして儲けようとする拝金主義ビジネスを好む企業家が増える。しかし、そのような経営は虚業の銀行業や証券業などと同じで、独占的な権利が法律で保護されない限り、決して長続きはしない。ビジネスに関して、日本が手本とするべき国は、拝金主義の米国ではなくて、技術指向のドイツである。

世の企業経営者に問う。自社ビジネスの特徴を的確に捉えているだろうか。製品重量と製品体積は製品の移動の難しさに関係する。それにより、製造が移動するか、労働が移動するか、という優先順位が決まる。質ビジネスの代表として自動車を挙げる。量ビジネスの代表としてスマホを挙げる。

まず、労働（機械の替わりの手足）が高賃金の場所から低賃金の場所へ動く。それは労働の移動の方が機械の移動よりも簡単だからだ。次に製造が高賃金の場所から低賃金の場所へ動く。その動く速度が量ビジネスでは加速され質ビジネスでは減速される。また、単純加工の労働は高度の機械化が可能なので、人間労働の移動をしなくても国内でビジネスが可能である。製品の組立加工時間は、限りなく短縮できる。その時間短縮と人数労賃のバランスで、製造場所を決めることになる。表5と表6にビジネスの移動の困難と容易に分けて、顧客と製品と労働の種類または量を示す。

何もないところに、ヒト・モノ・カネは存在しない。ヒト・モノ・カネは作るものである。すなわち、ヒト・モノ・カネは「企業経営の資源」であるが、それよりも先に、ベンチャー精神が生み出す「企業経営の目的」であるべきだ。

日本では、高校から大学への教育課程で、文系と理系の区分けがされている。残念ながら、文系の特徴は本質（技術）を理解しないことであろう。理系の特徴は現象（商売）に興味を持たないことであろう。ベンチャー企業の多くが技術開発からスタートする。すなわち理系の社長が多い。しかし、大企業へと成長するにつれて、どうしても販売中心の文系社長が増えてくる。そのような文系社長の技術投資動向を表7に示す。

同じような傾向が理系社長の技術開発動向にも見られる。富裕時代に至ると、時間がかかる基礎技術開発を嫌って、早期に結果が見える応用技術開発を好むようになる。そのような理系社長の技術開発動向を表8に示す。これはＡＩＳＴ（産業技術総合研究所）やＮＥＤＯ（新エネルギー・産業技術総合開発機構）など、官庁が関係する公的技術開発支援の近年の動向とも一致する。それは国家として間違った方向だろう。技術開発において、

表５：顧客と製品と労働の種類または量と、移動の難易

移動の難易	困　難	容　易
対象の市場（顧客）	官需・大企業中心	民需・消費者中心
製造規模　（製品）	少量生産	多量生産
製品消費　（製品）	耐久消費財	日常消費財
製品重量　（製品）	重い	軽い
製品体積　（製品）	大きい	小さい
加工時間　（製品）	長い	短い
労働の性質（労働）	複雑加工（人間）	単純加工（機械）

表６：商品の種別と指向

販売対象消費物	販売対象製造機器	指　向
素材の販売	素材生成機の販売	技術指向（人間的要素）
部品の販売	部品加工機の販売	
機器の販売	機器組立機の販売	
設備の販売	設備建設機の販売	商品指向（機械的要素）

表７：文系社長の技術投資動向

有から改良	すでに使われているものを改良した。過程が見えるので投資する。
困難の克服	うまく使えないものを使えるようにした。過程が見えやすいので投資する。
無から創作	新しい可能性を追究して創造した。過程が見えにくいので投資しない。
偶然の産物	運よく発見した。過程が見えないので投資しない。

大衆（現象）への迎合は不要である。金融（権利）行政の刹那的かつ無分別な行動を産業（技術）行政が真似てはいけない。発明には時間と努力が要る。執念を持たない人に発明はできない。

官公庁や企業の文系トップには、表８に示す質的跳躍と量的跳躍の技術の違いが理解できない人が多い。技術は石材や木材など自然素材の加工から、製鉄などの技術を必要とする金属加工や化学加工へと進化してきた。しかし現代に生まれた人間には、最初から電灯があり、最初からプラスチックがある。そして最初からスマートホンがある。それが当然の事実になると、技術開発の歴史が見えないので、ものごとの本質が見えにくくなってしまう。

一時的な現象の裏に隠された本質を直視するには、時間の経過（歴史）への理解が欠かせない。人の行為や組織、ビジネスは、すべて人工物である。本稿で使った解説図のすべてに、人工物の時間軸上の変化と、その次世

表8：理系社長の技術開発動向

嫌われる技術破壊型イノベーション（基礎技術の開発＝質的跳躍）の例	真空管（バルブ）	大きい、重い、起動時間が必要、低信頼性（短寿命）、電力消費大、物理的に弱い
	トランジスター（半導体）	小さい、軽い、起動時間が不要、高信頼性（長寿命）、電力消費小、物理的に強い
好まれる技術踏襲型イノベーション（応用技術の改良＝量的跳躍）の例	トランジスター（半導体）	小規模分散（大きい）、電力消費大、ばらつき大、デジタル回路の構成が困難
	大規模集積回路（半導体）	大規模集積（小さい）、電力消費小、ばらつき小、デジタル回路の構成が容易

代への継続を示した。組織のビジネスとは、その変化の各部すべてに同時に対応しながら、組織生命を維持し続けることである。

二兎を追う者は一兎も得ずという諺がある。しかし、兎《うさぎ》を追う個人の速度（時間＝質）を極端に上げれば、二兎を得られる。また、兎を複数の人間（組織＝量）で追えば、やはり二兎を得られる。質として捉えた時間（能力）は、個人の力を強化する。質（頭脳）と量（手足）を備えた組織（チーム）は、巨大な個人と同じ役割を果たす。

企業経営で忘れてはならない要素は、人と組織と時間の概念と、それらの要素の重要性である。人で構成される企業は時間で変化する生き物であり、その企業を動かす組織は人為で制御するべき人工物である。人工物は時間の経過に従って変化する。だから、人工現象が時間軸上の変化として語られていないなら、本質の理解に欠かせない説明が欠けていることになる。

表９：イノベーションの起こし方

目　的	手　段	難易度と要素	期　間	イノベーションの種類
軽薄短小	同質改良	容易・工夫	１年	継続的イノベーション
軽薄短小	異質開発	中間・研究	10年	破壊的イノベーション
時間短縮	新質創造	困難・閃き	100年	革新的イノベーション

技術活用の説明の最後に、イノベーションの起こし方を表９にまとめておく。同質と異質に大きな違いがあり、開発と創造に大きな違いがある。破壊的イノベーションは、継続的イノベーションを超える。革新的イノベーションは、継続的イノベーションや破壊的イノベーションと共存する。

時間については特別な配慮が必要だ。時間は本質と現象の二面性をもつ。誰にでも平等に与えられる、それが時間である。しかし、誰もが不平等に使っている、それも時間である。つまり、経過する時間は客観的に捉えられるが、活用する時間は主観的にしか捉えられない。自分が主体となって使えば本質（質）になり、自分が客体となって従えば現象（量）になる。表10に示すように、その違いは効率と結果の違いになる。

組織やビジネスは仕組みで動くものではない。有能で自律的な人材で動く。唯一の例外が人を動かす報酬システムである。しかし、人間にとって金銭報酬（負の報酬

表10：質の測定と量の測定

質（本質）の測定 （時間→質の変数）	出力量÷能力（変数）＝時間（人間の効率） 一定時間における質の出力向上（人間 → 才能）頭脳労働
量（現象）の測定 （時間→量の変数）	出力量÷手間（定数）＝時間（機械の数量） 一定時間における量の出力向上（機械 → 性能）手足労働

の罰金を含む）システム（現象）は、悪行（他律）へのディスインセンティブになることはあっても、善行（自律）へのインセンティブになることはない。その原理原則を自覚するべきである。出世や金儲けは人工的な行為である。ただ、理系の人間にふつう出世や金儲けという概念はない。個人営農者にとって、出世や金儲けという言葉が必要でないことと同じである。

理想に生きてきた純粋な若者も、中年になると考え方が変わってくる。社会活動において、出世や金儲けは文系脳にとって必然の目的であり、その中年以降の傾向は起業よりも出世になるだろう。一方、出世や金儲けは理系脳にとって偶然の帰結にすぎず、その中年以降の傾向は出世よりも起業になるだろう。国内における理系脳と文系脳の相互理解不足は深刻である。理系脳と文系脳の間の橋渡し役が経営脳である。その経営脳に欠けた経営者が国内に増えた。

ソニー凋落《ちょうらく》の原因は素直に理解できる。まず出井時代に自社内の「研究・開発」を放棄して止めたこと、次にストリンガー時代に「開発・製造」を放棄して外注したこと、最後に平井時代に「製造・販売」を放棄して撤退したことである。それでは企業にヒト・モノ・カネが残らない。さらにヒト・モノ・カネを新たに生み出すこともできない。そうなれば企業経営のタネが尽きて、企業生命が終わる。

第4章　破壊された組織（カネ）のDNA

第4章では、出井伸之氏の後継者選びの真実について語り、続いて出井氏が後継者に選んだハワード・ストリンガーCEOの人材育成と技術活用と組織活用の失敗のうち、特に組織活用の失敗について語る。

1　出井氏はなぜストリンガー氏を後継者に選んだのか？

ここで出井伸之氏の後継者選びについて、その理由を筆者なりに述べる。後継者選びは前任者の意思で決まる。だから第三者の筆者が、それを正確に語ることなどできない。しかし、ソニー本社の中にいたからこそ見えたものがある。

筆者にとって、出井氏の後継者の人選理由は明らかである。ぜったいに**久多良木《くたらぎ》健《けん》氏を社長にしてはいけない。かつ、自分の息がかかった者、世間の話題性を誘う者を社長にしたい。**それがハワード・ストリンガー氏を選んだ理由であろう。会社の事業にとってネガティブな人選だったが、出井氏個人にとってポジティブな人選だったと思う。

ストリンガー氏を選ぶ前に出井氏に必要だったことは、ゲーム機PS2で成功した久夛良木健氏を社長にさせないことだったのではないだろうか。それは出井氏の久夛良木氏への嫉妬であり、問題を抱えて退陣する自分の後継者に、世間の評判が高い久夛良木氏を選びたくなかったのだろう。万一、久夛良木氏が社長になって成功したら、評判を落として退任する自分の立場はどうなるのか……それが出井氏の本音だったのではないだろうか。

後継者として評判が高かった久夛良木氏を排斥するには工夫が要る。それが自爆テロである。世間では、社外取締役が出井氏を解任したというが、解任された人がソニー最高顧問とアドバイザリーボード議長に就任するなど、常識では考えられない。出井氏の最初の意図は、自分は最高経営責任者ＣＥＯに留まり、別途、共同最高経営責任者Ｃｏ－ＣＥＯを選ぶということだ。すなわち、先輩の大賀氏が自分を共同最高経営責任者Ｃｏ－ＣＥＯに置いていた１９９８年を真似て再現しようとしたのだ。それで1年間は権力の維持ができて巨額報酬も得られる。

しかし、社外取締役の反対でそれが無理だとなると、日産自動車のカルロス・ゴーン氏に倣い、子飼いの外人を会長にして世間の話題性を集めて、社長には技術系の人材を置くという選択肢になる。つまり、30億円という退職慰労金を久夛良木氏に払い、自分は退任した形をとりながら、たった1人の社外取締役を除いて、全取締役を退任させて自分の権力を守り、巨額退職慰労金を得た後も巨額報酬を受け続けるという、自爆テロである。

取締役の退任にあたり巨額報酬を払う。それは腐れ縁を完全に断ち切りたいという、アメリカの経営者の特徴である。大賀氏への退職慰労金16億円、久夛良木氏への退職慰労金

ハワード・ストリンガー

30億円、これは出井氏の自分への巨額退職慰労金実現への布石であり、それがソニーの悪しき習慣になってしまった。ソニーがリストラで退職する社員に5000万円程度の追加退職金を出すようになったのも出井氏の時代からである。たぶん、ソニー・ピクチャーズの不良米国人2人の解任に際して支払った巨額退職慰労金という悪しき習慣に出井氏が感染してしまったのだろう。

ソニーの人材のDNAを壊した大賀氏を引き継ぎ、さらにソニーの技術のDNAを壊した出井氏を引き継ぎ、**ソニーの組織のDNAを徹底的に壊した最大の責任者はハワード・ストリンガー氏**だろう。彼は「ソニーユナイテッドとサイロの破壊」を経営スローガンにした。しかし、彼がしたことは、ソニーの組織を無《む》暗《やみ》にいじくることだった。

2　組織の意味を知らない経営者

なぜ、組織が必要なのだろうか？　その答えは単純である。組織は複数の人で構成される。つまり、個人で達成できないことを達成するのが組織なのだ。具体的にいえば、１人では力不足で達成できない、「大きな仕事」をするのが組織の目的であり、１人では寿命が尽きてしまい達成できない、「長期の仕事」をするのが組織の目的である。第３章の図Bで説明したように、「開発、製造、販売など、さまざまな機能を統合して、最終目的の収入（カネ）を得る」ために組織が存在している。

ところが、その原理原則を説明した書籍が見当たらない。書店に行けば、組織論の本が多数、並べられている。確かに、組織の意義や構成を語ろうとしているが、組織の実体の根底が理解されていないので、ほとんどが見当違いや消化不良になっていると思う。

突出した社長報酬の意味

ストリンガー氏が8億円の報酬を得ていたことは広く知られている。それなら、現社長の平井氏の報酬はいくらなのだろうか？　ソニーが開示した有価証券報告書によると、２０１４年の平井氏の社長年収は、業績は大赤字であるのに3億５９２０万円相当だった。内訳は、基本報酬が1億８４００万円で、ストックオプション（自社株購入権）などが１億７５２０万円相当であった。主力のエレクトロニクス部門の不振が続き、２０１４年３月期には１２８３億円と大幅な連結純損失を計上している。その損失を増やしていたのが平井氏の報酬である。

ここにも疑問が残る。ストリンガー氏の報酬が約8億円なのに、それを超えるべき平井氏の報酬が、その半額の約4億円であることだ。なぜ、そうなるのか。まったく理由がない。さらにソニーの説明によると「ほかのグローバル企業の報酬を勘案して（社外取締役を含む）報酬委員会で適切な額として決定した」としている。ところが、2014年3月期に連結純利益が過去最高となったトヨタ自動車の豊田《とよた》章男《あきお》社長の基本報酬と賞与の合計は、2億3000万円である。

平井社長は、代表執行役として基本報酬を得ているが、ボーナスなどを勘案しながら、それを削減している。しかし、4億円の収入が3億円になろうと、税引き後の収入を考えたり、一般従業員の年収と比較したりすれば、それがほとんど意味を持たないことがわかる。平井氏の基本報酬はなぜか米ドル建てなので、円安で前期より3100万円増えていることになる。また、ストックオプションの収入は、権利行使時点の株価に左右されるために金額が確定しないが、現在のソニーの株価は700円台から3000円台に回復している。ストックオプションの価値を高めるために、ソニーが株価操作をしているようにも見えてしまう。

出井氏の巨額報酬は闇のなかで終わっているが、ストリンガー氏の報酬8億円は公表された。問題は、この非常識な突出した社長報酬が、個人のエゴ以外の何ものでもないことだ。こうして組織トップの巨額報酬が誰の目にも見えるようになったストリンガー氏の時代から、納得できない不公平感を社員が抱くようになり、ソニーの組織が崩壊し続けていくことになった。

リストラのあるべき姿

企業は人で成り立つ。そうならば、企業の業績悪化に呼応して、個々の従業員の能力を無視した、分別のない人員削減（リストラ）を展開してはならない。

ほかの会社の例と同じで、ソニーのリストラは今に始まったことではない。１９７０年、筆者が23歳のとき、勤務先のソニー子会社の地方事業所では、１３０人ぐらいの従業員が働いていた。楽しい職場だった。その地方事業所の従業員が、それから3年で１３０人から5人までに削減された。人員削減の嵐だとしかいえない。

ソニーの子会社で外勤サービスマンとして働いていた筆者は、一日に一食、それも夜の11時ごろに一日一食を外食で済ませて、ついでに真夜中に銭湯へ行って、それから寝るという毎日を続けていた。仕事はノルマで厳しかったが、勤務先のことを今でいうブラック企業だとは思わなかった。自分が成長していたからだ。ただ、今になって思うと、「自分で自分に課すノルマ」と「他人から自分に課されるノルマ」は種類が違う。

筆者の自宅の外玄関には、小さな狸の焼き物が置かれている。それは筆者も含めて最後まで残った残務処理要員5人が、それぞれ2000円を出して自分が自分に贈った事業所解散の記念品だ。何回もの先輩の送別会を開いた後、誰も送別会をしてくれる人は残っていなかったのだ。それからの転勤先すべてで、狸の焼き物は自宅の玄関に置いてきた。組織が人工物の生き物であることを忘れないようにするためだ。人は生まれたら必ず死ぬ日が来ること、入社したら必ず退社する日が来ること、そんな単純な真理を筆者に教えてくれたできごとだった。

辞めてもらう人には、最大限度の配慮が必要だ。ソニー本社人事部出身だった、当時の地方事業所のトップは、ソニー製品の販売店開業や修理請負開業などの退職支援策を準備して、毎夜、多数の従業員と個人面談を続けていた。まだ若かった筆者には、その地方事業所のトップが鬼に見えた。しかし今となれば、従業員にとっては優しく、かつ会社にとっては有用な人だったと思う。

ソニーの最初の組織的なリストラは1975年のことである。当時テレビを製造していたソニー一宮のテレビ製造要員が、各地の販売会社へ移籍された。余剰人員をソニー内部で吸収した形になっていたが、それはとりあえずの話である。しばらくしてソニーを去り、大型電気店へ再就職した者がたくさんいた。

次のリストラは1986年のことだ。ソニー大崎工場やソニー芝浦工場の製造ラインで働いていた人たちが対象だった。当時、ソニー本社の人事本部に能力開発部が新設され、そこに退職予定者が収容されていた。

彼らの主な行き先は、ソニーの修理子会社、ソニーサービスだった。建前で言えば、能力開発部で修理技術を身につけて、ソニーサービスの修理担当要員として働いてください、ということだ。本音で言えば、自分で自分の能力を開発して、ソニー外で職を探しなさい、という部署が能力開発部だった。それでも特別の多額退職加算金はなかった。ソニーサービスの社員の一部は、その本社の余剰人員を吸収するために、玉突き状態で退職を勧告されていた。

会社を辞めても、今以上に幸せな仕事が次にあれば、誰も不幸にはならない。また、高額の退職加算金を支給する必要もない。１９９３年以降のソニーの大規模なリストラは、退職者の次の就職先への配慮よりも、退職加算金による一時的な人数合わせに目が向けられているように思う。数千万円の高額退職加算金を個人に出して人を減らす――それは人事の手抜きだ。そこには企業の人事担当者がするべき努力が抜け落ちている。

米国では、企業幹部の退職に際して高額退職金を支給する習慣がある。それは退職後に会社の内部事情を曝してほしくない、会社の外でそっと生きていてほしい、完全に縁を切ってほしい、そういう願いが込められたものだ。出井氏はソニーの映画会社、ソニー・ピクチャーズエンタテインメントの２名の幹部を解雇するにあたり、どれだけの退職加算金を支給したのだろうか。莫大な退職加算金を払わない限り、彼らは簡単に退職しない。それは構わないが、その文化をソニーに持ち込んだのが出井氏である。

人を育てずに捨てるなら、世間体からいっても金がかかるだろう。1997年から始まったソニーのリストラでは、最大で基本月給の36か月分から72か月分の早期退職加算金が支給されている。それをソニーではリストラ費用と呼んでいる。リストラとは費用がかかるものなのか。出井氏の時代より前のリストラを見てきた筆者には、それが信じられない。ただし、組織と金銭に関して従属と自立の両方を同時に維持することが、被雇用者にとってどれほど重要なことなのか……リストラを迎えてそれに気づくのでは遅すぎる。

組織と報酬制度

報酬制度の仕組みを唯一の例外とするが、企業や組織は仕組みによって動くものではない。その仕組みによって栄枯盛衰の道をたどるものでもない。企業や組織は、その企業や組織のトップ（経営者＝人）によって動く。その栄枯盛衰は、組織のトップによって決まる。仕組みはどうでも、人さえ選べば経営は失敗しない。仕組みづくりとして必要なことは、個人のエゴを生じさせない報酬制度と、年齢（給料）に比例した能力の判定の二つだけである。能力の判定は質の判定になるから、どうしても時間がかかる。

報酬制度の原理原則は単純である。企業や組織は公器である。公器には、それを構成する個人にエゴが許されない。すなわち、組織を構成するのは人間であり、複数の人間で構成される組織は、個々の構成員のエゴが許されない公器であるということだ。

人間の組織が弱体化する理由は、組織内の恣意《しい》的かつ無秩序な序列が原因であると断言できる。組織闘争の勝利に欠かせないものは、組織内における個人のエゴの排除と組織としてのエゴの認識、この二つである。個人のエゴの排除には、個人の成果で報酬を決めるのではなくて、組織の成果で報酬を決める、そういう報酬制度が必要だ。言い換えれば、個人のエゴで報酬を求める人を組織から排除しなければならない。

エレクトロニクスビジネスを中鉢良治社長に任せ、その他のビジネスを自分で担当したストリンガー氏。サイロの破壊を口にしながら、エレクトロニクスと非エレクトロニクスという二分化された組織内組織を２人の人物が抱えていた――それがストリンガー時代のソニーである。「ヒトを残して去る者は上」、「モノを残して去る者は中」、「カネを残して去る者は下」、それが企業を次代へと繋ぐ経営者の評価である。人材育成ができず、ひたすら巨額報酬獲得を目指す経営者たち。ストリンガー氏は、ヒトを残さずに、モノを少し残し、カネをマイナスにしてソニーを去った。

3 組織活用の原理原則

図Cに組織活用の原理原則を示す。第4章における説明は、この図に基づくので随時、参照してほしい。組織活用の原理原則を知らずして、組織の構成や内部の詳細を議論しても、何も始まらない。続いて組織の形態と意義について説明するが、企業や国家の問題を理解するためには、注意深く読んで理解してほしい。

組織についても二つの側面があり、その両側面の極端の理解から、組織の存在意義の理解が始まる。組織の両側面の極端がグループとチームの二つである。グループに近い中間がプロジェクトピースであり、チームに近い中間がタスクフォースになる。プロジェクトピースの存在意義の理解には、その理想形がグループであることを理解しなければならない。また、タスクフォースの存在意義の理解には、その理想形がチームであることを理解しなければならない。現実の組織の大半が、理想形に近い中間的な存在になるからだ。

図C：組織活用の原理原則

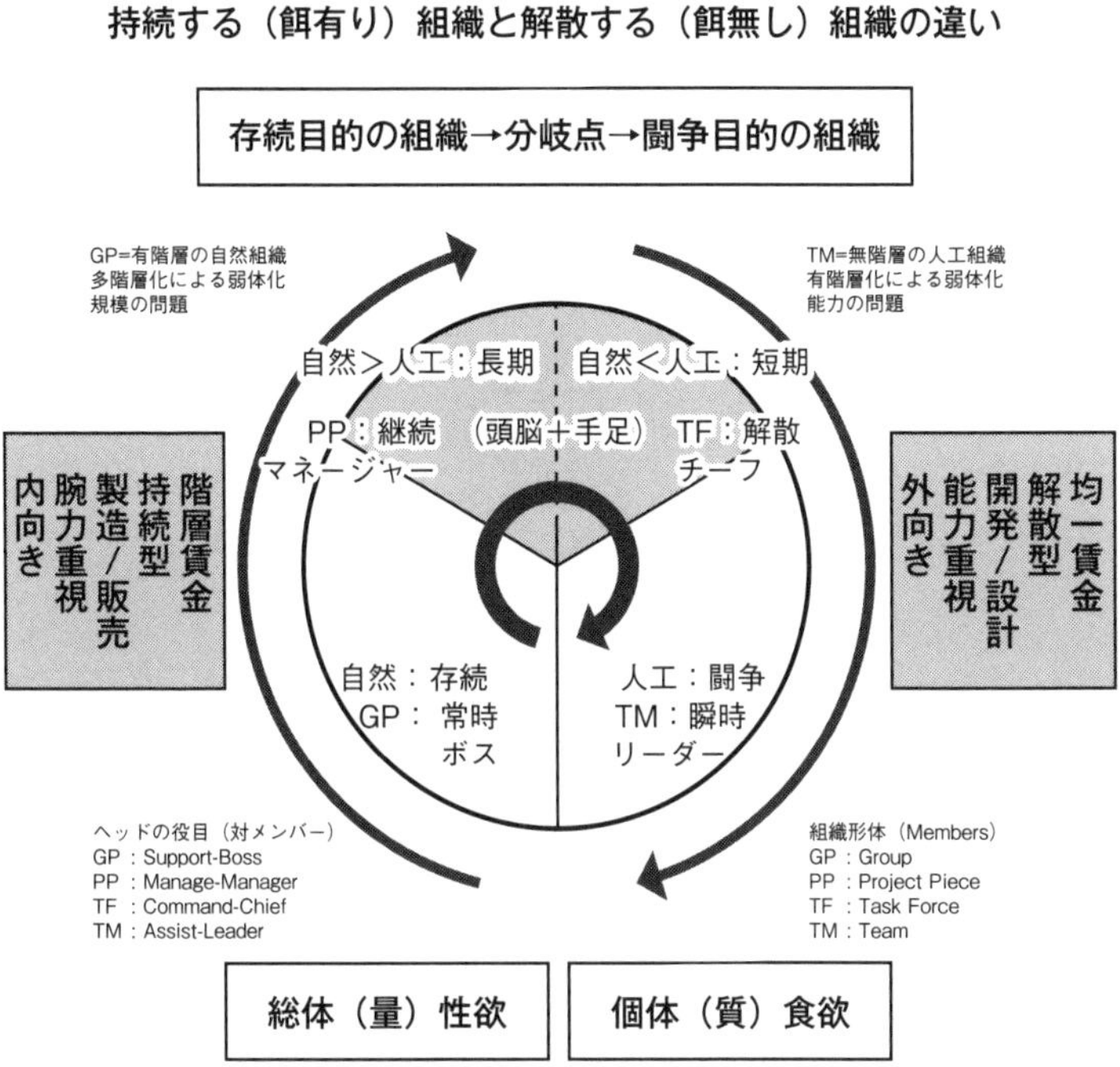

組織の意味

ここでの組織説明には「boss と group」、「leader と team」、「manager と project piece」、「chief と task force」という用語を使うが、これらは従来の英語の定義と若干異なる可能性がある。したがって、ボスとグループ、リーダーとチーム、マネージャーとプロジェクトピース、チーフとタスクフォースというカタカナ語を使い、それらを本書で再定義しながら、組織の種類と役割を説明していく。

組織の種類

存続する自然組織＝グループ（判然とした秩序）

ボスがメンバーを支援（サポート）する。

ボスの力量で最大メンバー数が決まる。

存続に向いた組織＝プロジェクトピース

マネージャーがメンバーを管理（マネージ）する。

マネージャーの能力で最大メンバー数が決まる。

戦闘に向いた組織＝タスクフォース

チーフがメンバーを指揮（コマンド）する。

メンバーは５人から50人ぐらいまで。

戦闘する人工組織＝チーム（混沌とした秩序）

リーダーがメンバーを補助（アシスト）する。

メンバーは３人から15人ぐらいまで。

グループは永遠に解散してはいけない、存在主体の実体である。存続が目的だからだ。チームはできるだけ早期に解散するべき、行為主体の実体である。闘争が目的だからだ。ところがプロジェクトピースとタスクフォースは、ともにいつかは解散するべき実体である。プロジェクトは常時に近い存在であるが、タスクフォースは臨時に近い存在である。

チームメンバーやタスクフォースメンバーはグループまたはプロジェクトピースから集めることになる。チーム解散後のメンバーは、もともと所属していたグループまたはプロジェクトピースに戻ればよい。すなわち、プロジェクトピースとタスクフォースは、自分の組織の次を考えなければならない。いつか今の仕事が終わるので、次の仕事への準備と時間が必要なのだ。

まず、恒久的に存在するべきグループと一時的に存在するべきチームに組織構成員の集合形態を分ける。存続がグループの存在意義であり、闘争がチームの存在意義である。

グループの目的は「経営＝存続」である。すなわち、グループの生命の維持である。グループは子孫を残すが、拡大を続けてはいけない。チームになってもいけない。

グループはボスが維持（サポート）する。グループは自然発生的であり、そのボスの力は腕力であり、本能でグループを守る。ところが人工的なグループになると、そのボスの力が権力になり、そのボスが私欲でグループを潰してしまう。人間の権力とは、本能的な部分では腕力になる。すなわち、若者では腕力になり、老人では金力になる。グループが人工的になると、偽の序列（金力の序列）でグループが構成される。そうなると、子孫維持の本能がボスにないのでグループが脆弱になり、やがて滅びる。

グループは、継続的に内部にプロジェクトピースを構成し、一時的に内部にチームを構成する。社長の秘書が社長をサポートすることはできない。秘書は社長をアシストする。

チームの目的は「戦闘＝解散」である。つまり、他者への一時的な攻撃であり、チームは一時的な存在である。チームはリーダーが補助（アシスト）する。チームは活動の結果を残すが、メンバーが無能であってはならない。また、チームがグループ化してもいけない。チームに近い自然界の例外として、タスクフォースに近い（女王がチーフ）、全滅するまで戦うハチやアリの例がある。

グループ内には、一時的に存在するチームのほかに、継続的に存在するプロジェクトピースがある。プロジェクトピース内には、一時的に存在するタスクフォースがある。タスクフォースの役割は、臨時の仕事または戦闘の遂行になる。タスクフォースは、チーフの存在を除いて、メンバー間にほとんど序列がない。メンバーに序列ができると、下に命令する人ばかりになってしまい、結局、仕事をしない人が増えてしまう。軍隊の階級を思い出してほしい。自分が死にたくなければ、階級の数が限りなく増えて当然である。

チームは非常に人工的な組織形態である。チームメンバーには、リーダーも含めて、序列があってはならない。人工的な組織では、貨幣（報酬）が序列をつくってしまう。チーム内に序列ができると、チームが非人工的（自然な形）になり、弱体化してしまう。人工の序列とは、人間だけに可能な、序列が存在しない、非序列のことである。

組織の役割

次に、仕事を継続的に進行させるべきプロジェクトと仕事を一時的に達成させるべきタスクに組織の役割を分ける。プロジェクトはプロジェクトピースで実行され、タスクはタスクフォースで実行される。

プロジェクトの目的は「食事＝継続的な収穫」である。つまり、仕事の積極的な達成であり、プロジェクトピースは継続的な存在である。グループは細分化されて複数のプロジェクトピースを構成し、各プロジェクトピースはプロジェクトごとに任命されるマネージャーが管理（マネージ）する。また、タスクフォースは一時的に任命されるチーフが統率し指揮（コマンド）する。プロジェクトピースは、一時的に内部にタスクフォースを形成する。タスクの目的は「食餌＝一時的な収穫」である。つまり、仕事の一時的な達成であり、タスクフォースは一時的な存在である。

プロジェクトピース内やタスクフォース内にチームを結成してはならない。プロジェクトピースやタスクフォースの目的は、継続的な収穫または一時的な収穫であり、他者への迎撃や攻撃に必要な高度の力を備えていないからだ。

継続的とは食糧の確保のことであり、一時的とは他者への攻撃のことである。食糧の確保が一時的であってはならないし、他者への攻撃が継続的であってもならない。当然のことながら、グループ（企業）は完全に固定的で長期的な存在であることが望ましく、プロジェクト（事業）は半固定的で中期的な存在であることが望ましい。また、タスク（作業）は半非固定的で短期的な存在であることが望ましく、チーム（闘争）は完全に非固定的で瞬時的な存在であることが望ましい。

組織構成の注意点

・理想的な組織では、個体のエゴと組織のエゴが自然に調和している。
・組織メンバーが無意識になると、個人のエゴが組織のエゴよりも優先される。
・組織メンバーが意識すれば、組織のエゴを個人のエゴに優先させることができる。
・報酬制度はエゴの根源であること。それはディスインセンティブである。

日本語にも「座《ざ》＝グループ」という概念と「結《ゆい》＝チーム」という概念があった。しかし、それらが死語になった今、人と組織に関する大切な概念が日本人の脳裏から消えてしまった。グループ（満座《まんざ》）を構成する多数の人は、金座《きんざ》、朱座《しゅざ》、宮座《みやざ》、油座《あぶらざ》など、複数のプロジェクトピース（各座）を構成しながら満座を維持する。座から一時的に独立して結団した少数の人は、役目を終えたら解団する。その存在が瞬時ならチームであり、その存在が一時ならタスクフォースである。

グループの目的は、闘争ではなくて存続である。だから、自然界に餌が有るということが、グループの存在条件になる。グループは野性なので、自然界の「野牛の群れ」や「サルの群れ」がグループである。その序列は腕力（実力）で自然に構成される。ボスが強い。

したがって、天変地異でもない限りグループが存続する。ところが人間のグループの序列は金力（権力）で不自然（人工的）に構成される。だから、ボスが弱い。実力のない者がボスになり、グループが短期的に消滅してしまう。

限りなくグループに近いプロジェクトがテレビでおなじみの助さん格さんの「水戸黄門」である。彼らには金銭の心配が要らない。徳川幕府が続く限り、プロジェクトを遂行していけばよい。徳川幕府というグループは永続しなければならないが、そのグループの中のプロジェクトは、必要に応じて結成され、必要に応じて解散される。マネージャーとして働くのが水戸光圀だ。グループやプロジェクトには、仕事の遂行よりも食糧（予算という金銭）の確保が優先される。

チームの目的は、存続ではなくて闘争である。だから、自然界に餌が無いということ、つまり戦って餌を獲るということが、チームの存在条件になる。古い話になるが、テレビや映画の「必殺仕事人」や「三匹が斬る！」は、メンバーがほぼ固定されたチームである。誰もが均等に仕事料を受けて、その得意技で対象を必殺していく。仕事に時間をかけてはいけない。仕事料を配ったり必殺を計画したりするのがリーダーになる。リーダーはいちばん非力な女性である。特に優れた人ではない。だから、メンバーが優秀である。そこに序列があってはならないので、組織は限りなく人工的になる。人間にしか構成できないのがチームである。ところがチームを放置すると、チーム内に序列が構築される。そうなると、チームがグループ化してしまい、本来の闘争能力が発揮できなくなり、勝負に負けて消滅してしまう。

仕事が終われば、本来、チームは解散しなければならない。チームの人数は３人から15人ぐらいまでだろう。一方、タスクフォースの人数は５人から50人ぐらいまでだろう。限りなくチームに近いタスクフォースが「赤穂浪士」である。討ち入りを目的にして、それぞれが役割を担う。敵の大将の首をとった者も門の見張り役も、すべてが平等に評価される。ただし、チーフとして働くのが大石内蔵助《おおいしくらのすけ》だ。少し時間がかかる仕事だが、その仕事が終われば解散する。チームやタスクフォースには、食糧（予算という金銭）の確保よりも仕事の遂行が優先される。極めて例外になるが、筆者は限りなくチームに近い、数千人規模の巨大なタスクフォースを見たことがある。そのタスクフォースは１９７０年代のソニー厚木工場で実現されていた。ひょっとしたら、創業期のソニーは数百人規模のチームだったのかもしれない。

いかなる組織も、それが人間の組織なら、永続のために存在し、また戦闘のために存在する。永続の組織の理想は永遠に継続（グループ）であり、戦闘の組織の理想は瞬時に解散（チーム）である。

ただし、解散する組織（チームやタスクフォースという一時的な仕事）で働く人たちには、継続する組織（グループやプロジェクトピースという戻るべき場所）が用意されていなければならない。すなわち、研究開発のような一時的仕事には、半永続的に必要とされる事業部門や研究開発部門という包括的な組織が必要である。その場所を経営者が常に考慮していない限り、特定の研究開発の仕事が終わったら、途端に「あなたはもう要らない」になる。

残念なことだが、それが今のソニー技術者の姿ではないだろうか。また、ボスたるべき力量やマネージャーたるべき能力に欠けた者が、継続する組織（グループやプロジェクトピース）の頂上を占拠している、それが今のソニーの姿ではないだろうか。

グループとチームの違いと、リーダーの役割

通常存在するプロジェクトピースやタスクフォースの理想形を理解するには、組織の両極端のグループとチームの違いを確実に理解しておかなければならない。したがって、ここで詳しく説明する。

グループ（group）とは群れ（集団や仲間）のことだ。ところがチーム（team）には、日本語の適訳がない。つまり、日本語を話す日本人には、チームの概念が希薄なのだ。ただし、第二次世界大戦中には、日本国民全体が擬似的に国家的なチームになっていたようだ。幕末の吉田松陰《よしだしょういん》の言葉「一身を顧みず、義を専《もっぱ》らとして公のために尽くす」が、チー

ムのあるべき姿を的確に表わしている。これまで解説してきたグループとチームの違いは、組織論として重要な意味を持つ。

まず、グループとチームの違いを定義する。グループは、**存在（延命）している**という、受動的な実体である。チームは、**行動（戦闘）している**という、能動的な実体である。本書で述べているボスとリーダー、グループとチームには、英語と日本語のどちらにも正確に定義できる適切な言葉がない。一般的な英語の定義から少し外れてしまうが、チームリーダーとはチームの方向性を保つ人のことで、他人を動かす特別な統率能力を発揮する人のことではない。

目的を一つにして行動する人間のチームに、行動の方向性を維持するリーダーは必要でも、出世や昇進、上下関係（指揮命令）という概念は無用である。近年、チームリーダーという立場に憧れる若者が増えているようだが、リーダーはチームの一員にすぎない。チームメンバーは、リーダーに引っ張られて動くのではなくて、全員が自主的に動くのだ。

グループの経営者とチームのリーダーを混同している人は多い。経営者とはグループの存続を確実にするボスのことだ。ボスは人間社会に限らず、動物社会でも自然に存在している。しかし、草食動物の社会にチームは存在しない。日常的な攻撃を必要としないからだ。必要に応じて自然にチーム化する一部の動物とは違い、本能を持たない人間がチームを構成するには、目的意識の共有と強固な精神を維持する理性が必要になる。次にグループとチームの違いを対比して列挙する。

〔グループとチームの違い〕

グループ（個々が生殖機能を行使する、有階層自然組織）

・財閥系の保守的、依存企業型。
・家族を認識して、家系の存続を肯定して、初めて成立する集団組織。
・ボスと側近が上に立つ集団組織。ボスはグループのトップ。
・組織の存在を優先させる集団組織。
・食糧を求めて移動する集団組織。
・メンバー間に強弱があり、弱者から先に死ぬ組織。
・できるだけ長期存続を目指す、解散しないスタンディング型。
・縄張りを共有する。
・序列（量＝腕力）のボス、量の組織、感情の集合体。
・組織の仕事（存続）の5Ｗ1Ｈに関係なく、ボスが交代しない。
・子孫を維持するために、組織のエゴよりも個人のエゴが優先される。
・食糧分配（賃金）は、ボスから下層への序列になる。
・グループは個人で評価する。全体で評価してはいけない。

チーム（個々が生殖機能を放棄する、無階層人工組織）

・新興系の革新的、独立企業型。
・個人を認識して、個体の存在を否定して、初めて成立する合体組織。
・1人のリーダーが率いる合体組織。リーダーはチームの一員。
・組織の活動を優先させる合体組織。
・食糧を狙って捕獲する合体組織。
・メンバー間に強弱がなく、全員が同時に死ぬ組織。
・できるだけ短期解散を目指す、解散するアドホック型。
・縄張りを固有する。
・機能（質＝頭脳）のリーダー、質の組織、理性の集合体。
・組織の仕事（闘争）の5W1Hに応じて、リーダーが交代する。
・目的を達成するために、個人のエゴよりも組織のエゴが優先される。
・食糧分配（賃金）は、リーダーも含めてチーム全体で均等になる。
・チームは全体で評価する。個人で評価してはいけない。

グループは、動物で構成される**自然物の有階層組織**である。動物の場合、ボス、ボス候補、その他の3階層程度の少階層自然組織になる。人間の場合、**少階層自然組織を放置す**

ると多階層人工組織になってしまう。人工物の組織――たとえば企業なら、ヒラ社員、係長、課長、部長、部門長、取締役、社長など、人為で無限に階層が増えていく。それを自然物としての少階層に意識して維持しなければ、目的に対して組織が無責任になり弱体化してしまう。

チームは、人間で構成される**人工物の無階層組織**である。**無階層人工組織を放置すると有階層自然組織に**なってしまう。それを人工物としての無階層に意識して維持しなければ、目的に対して組織が無責任になり弱体化してしまう。自然であるべき物が人工物になること、また人工であるべき物が自然物になること、それが物の弱体化の要因である。組織の階層としては、子会社や孫会社のように、親組織の下に構成されている子組織も含めて考える。

グループの代表例が草食動物の群れになる。草食動物の特徴は、群れる、縄張りを共有する、ボスの下で統制がとれる、の三つになる。草食人の日本人には、個性を否定するグループが似合う。肉食人の欧米人には、個性を活用するチームが似合う。草食動物や雑食動物には、性格がおとなしいという特徴もあり、そのような動物がチームに変身することはない。

野牛の群れがライオンに襲われると、まず野牛のボスと準ボスの数頭が交互にライオンに挑む。その間に、野牛の群れは移動を始める。そして、野牛側が強いと、ライオンは撃退されてしまい、攻撃を諦める。しかし、ライオンの数が多くて襲撃が激しいと、ある時点で野牛のボスは闘争を止めて、１頭の犠牲を残したまま、群れの移動を促す。これが強敵に対するグループ（野牛）の対応なのだろう。ライオンにしても、餌となる相手の野牛を全頭、食い尽くす必要はない。

農耕により社会が構成され、牧畜により定住が始まる。そうして、グループのなかに必要に応じてチームが結成される。田植えや稲刈り、狩猟など、イベント的な共同作業がチームの仕事である。チームを構成するには、報酬という量へ走る人を質に納得する人にするために、チーム内の個人のエゴ（生殖本能）を一時的に排除しなければならない。そのツールが教育になる。チームとは、個人のエゴよりも組織のエゴ（闘争本能）が優先されるべき存在である。しかし、もともと「人間のエゴ」の集団として構成されているグループでは、組織の存在よりも個人のエゴが優先されることになってしまう。

チームには、すべてのメンバーにオーナーシップと対等連携が欠かせない。チーム内にメンバー個々のエゴは存在しない。また、リーダーとはチームを率いる特別な能力を持っている人ではない。チームの一員は誰でもリーダーになれるし、リーダーになれなければならない。リーダーはチームを統率し調整する役目を担うだけの人である。チーム活動の結果である収穫（収益）の分配がリーダーを含めてチーム全員に均等でない場合、それはすでにチームではなくて、個人のエゴが跋扈するグループである。

理想に近いチームとリーダーの関係を説明する一例が、ボート競技の漕艇（ローイング）を構成する形だ。チームが少人数（たとえば2人）なら、リーダーの存在よりもメンバーの息を互いに合わせることが肝要になる。少人数のチームで漕ぎ手が2人なら、前に座る方がリーダー的な役割を果たし、後ろに座る方がその動きに続く。前からは後ろの動きが見えないので、そうしないと自分勝手な動きで船が沈没してしまう。

多人数のチームで漕ぎ手が多いなら、船首を担当するバウ（Bow）、船尾を担当するストローク（Stroke）、その中間を担当するミドルクルー（Middle crew）、さらに最後尾に座って舵手を担当するコックス（Cox）が必要になる。メンバー個々の動きと進行方向を同時に見ているのがリーダーだ。大型漕艇では舵手がリーダーであるが、それはメンバー個人の力とチームの進路を調節する人であり、格別に偉い人ではない。

リーダーには、質と量のバランス（節度）が求められる。ムカデ競走なら、先頭がリーダーになる。しかし、その先頭に量だけの人（体力が強いというだけの人）を置いたら後続がこける。

また、チームの構成では、誰もが他人の役割を少しは経験することが必要である。もちろん、個人のポジションに得手と不得手があるが、そうしないと他人の役割が理解できないので、高度の総合力を発揮することができない。

ふつう、チームはグループに勝つ。ただし、戦いには時間への考察が欠かせない。それは「十分な時間をかければ必ず質が量に勝つ」ということだ。また、「どんな高質でも極端な短時間の極端な大量の低質には負ける」ということだ。だから、自分が有能でも「場合に応じて相手の量を自分の量で制する」ことも必要である。まとめると、個人戦または組織戦の勝利の原理原則は次のようになる。賄賂や便宜の供与など、個人の損得で動かせるものが感情であり、個人の損得で動かせないものが理性である。

個人戦または組織戦の勝利の原理原則

・自分のグループをチーム化し、自分を理性で動かす。
・相手のチームをグループ化し、相手を感情で動かす。
・自分が有能なら質（本質）を武器にして戦う。
・自分が無能なら量（現象）を武器にして戦う。
・質を武器にして戦うなら長期決戦にする。
・量を武器にして戦うなら短期決戦にする。

闘争に勝利するのは、グループではなくてチームである。１人と１人の力を合わせて３人の力にする……すなわち１＋１＝３にするのがチーム力である。チームワークには、チーム全員の納得と協力が欠かせない。それはチームの全員が、強くて優しいというリーダーの資質を持ち、かつメンバーという自分の立場に納得しているということなのだ。強くなければ、チームのメンバーにはなれない。優しくなければ、やはりチームのメンバーにはなれない。組織闘争はチームによって可能になる。しかし、チーム内に個人の出世（序列化）を目指す人が存在すれば、その人はチームを壊してグループを形成していく。

企業のビジネスは企業間の集団競争である。個人競争と集団競争は明確に区別しなければならない。勝利する集団競争は、グループではなくて、チームで戦う。チームでは、個人のエゴを徹底的に抑えなければいけない。すなわち、チームリーダーを含めて、チーム内に報酬格差が存在してはいけない。

リーダーの役割を誤解してはいないだろうか？　チームリーダーの役割は、自分の役割も含めてチームメンバー個々の役割を認識し、その個々の力を調節し、チーム全体の進行方向を正しく目標どおりに保つことである。リーダーシップとは、無能で他律的な人々の集団を前へと引く統率能力のことではなくて、有能で自律的な人々の一団を後ろから押す調整能力のこと、またはリーダーの集団のことである。チームメンバーは、リーダー以上に有能な人々なのだ。組織リーダー論を振りかざす人には、この原理原則が理解できていない人が多い。

チームの人数は、経験的に言って15人ぐらいまでになる。１００人になれば、リーダーの目がチーム全体に届かないので、自然にチーム内序列ができてしまう。このような場合でも、1人または1億人という、数の両極端を想像することで、チームの適正人数（節度）がわかってくる。日本国民1億人の大多数を洗脳することはできても、チーム化することはできない。

チームを破壊するものが、その一体化への外乱である。チームを破壊する外乱とは、チームの内外から与えられる、チームメンバー個人に対する評価のことだ。チームは個人で評価されるべきものではなくて、全体で評価されるべきものである。グループは全体で評価されるべきものではなくて、個人で評価されるべきものである。そういう意味で、スター選手が存在する野球やサッカーなどは、チームのようでありながら、チームとは違って戦いに弱い実体なのだ。

人は感情または理性で動く。個人の存在が肯定されるグループは、個人の感情で動く。組織に感情はないが、グループ内の**個人が本能依存の感情**で動くからだ。それに反して、個人の存在が否定されるチームは、**全体が本能放棄の理性**で動く。

どんな戦闘でも、それは一時的なもので、短期に終えるべきものだ。スタンディングな存在の組織がグループである。アドホックな存在の組織がチームである。繰り返すが、グループは戦う組織ではない。個人の感情が残るグループでは組織戦に勝利することなどできない。戦う組織はグループメンバーで臨時に構成されるべきチームである。

組織内からスター選手をなくせばチームになる。組織内にスター選手をつくればグループになる。強敵のチームが相手でも、そのチームを構成する個人に外部から高評価や低評価を与えて、客観論としてスター選手やゴミ選手にしてしまい、組織内の量の序列化、すなわち組織のグループ化をする。そうすると、チーム内に個人のエゴが発生し、それがチームの和を乱す。優秀な選手でも、チーム内で孤立してしまうか、外部組織へ転出してしまい、相手チームの弱体化が可能になる。

装置と組織

近年、米国と同じく日本にも文系出身の社長が増えてきた。その理由は文系の絶対数が多いということもあると思うが、それよりも組織的な出世を目的にして働くのが文系脳であり、個人的な興味を目的にして働くのが理系脳であるということだ。その二者間の相互理解は絶望的である。ベンチャー企業に出世という概念はない。貧困社会には階層的な組織が存在しないが、富裕社会の組織は限りなく多階層になる。限りなくフラットな組織の貧困ベンチャー企業で働く人の多くが理系脳で、官庁に似た多階層組織の富裕大企業で働く人の多くが文系脳だといえるだろう。

この種の組織形態で一つだけ注意する点がある。それはチームが人を相手にしているのか、物を相手にしているのかの違いである。人を相手のビジネスは戦闘そのものだが、物を相手のビジネスは決して戦闘にはならない。だから、タスクフォースで対応する。

ビジネスは人を相手にした戦闘である。一方、ソフトウェア設計やシステム構築は物を相手にした創作である。戦闘と創作のどちらの仕事もプロジェクトと呼ばれる。そこではチームらしいものが結成される。ただし、前者の主構成要素は人（組織＝Organization）になるが、後者の主構成要素は機械または機械人（装置＝Setting）になる。つまり、後者はチームではないし、組織でもない。人の要素が考慮されない、仕組みである。仕組みで組織は動かない。組織は人で動く。

後者のマネージャー（リーダーではない）に必要とされるのは頭脳である。個人が機械を使いながら自分一人の頭脳でソフトウェア設計やシステム構築をする。プログラミングは複数の頭脳でする仕事ではない。プログラマーがプログラマーを使ってはいけない。プログラムに一貫性がなくなるからだ。つまり、後者のマネージャーとは名ばかりで、実際はプログラマーなのだ。たまたま、下層に人間（機械人）がいるので、マネージャーと呼ばれているだけだ。ここで装置と組織の違いと特徴をキーワードでまとめておく。機械的なビジネスのツールが装置であり、人間的なビジネスのツールが組織である。

装置と組織の違い

装置（Setting）

量。私益。私器。当面の収益確保。モノを動かす。

機械（機械人）で構成される。社長または取締役と、一般社員の給与格差が大きい。

組織（Organization）

質。公益。公器。将来の目的達成。ヒトと協働する。

人間（人間人）で構成される。社長または取締役と、一般社員の給与格差が小さい。

筆者は、デンソーのＱＲコード、ソニーのフェリカ（FeliCa）を使ったＪＲ東日本のスイカ（Suica）、東京電力の超高圧（1100 kV UHV）などの規格の国際標準化を成功させた。それらすべてが、国際標準化審議の場で、一度は欧米から否定された日本企業発の規格だった。国際標準化の審議の過程で一度、否定されたら、その復活は絶望的なことだ。それをチームの力で成功させた。筆者一人の力ではない。共同作業の結果である。

ＱＲコードなら、デンソーとソニーのチームである。スイカなら、国土交通省、ＪＲ東日本、ソニーのチームである。超高圧なら、東電、日立、三菱、東芝、ＡＥパワー、筆者のチームである。ふつうチームは、一つの部や一つの課の下では構築できない。序列が恣意で構築されているので、そこにチームメンバー個人の手柄と出世というエゴが入るからだ。

ソニー社内では、ソニー・コンピュータエンタテインメント（ＳＣＥ）出身で技術系だった当時の久夛良木健副社長の下で、ソニーのポータブルゲーム機ＰＳＰ搭載の光ディスク（ＵＭＤ）の標準化をチームで推進した。中国でのＰＳＰ販売を睨み、ＵＭＤを国際標準にして輸出ビジネスのリスクを低減することが目的だった。それは部や課、事業部を横断したタスクフォースに近いチームだった。同じく技術系だった森尾稔副会長の了承の下、ＳＣＥの最高技術責任者（ＣＴＯ）、光ディスク標準化のベテラン、特許担当者、日米欧の国際標準化担当者などの混成チームを結成した。

各メンバーに期待されたのは、個々の能力であり、職位ではない。ビジネスに負ければ、リーダーだけでなくチーム全員が敗北感を味わうことになる。リーダーは標準化の世界を知る課長の筆者だった。リーダーに失敗という言葉はない。チームの目的を達成するとチームは解散する。これらすべてのチームワークにいえることだが、成功体験を積んだ全メンバーの目はチーム解散後も輝いていた。

ＪＲ東日本から不退転の国際標準化を強いられたスイカ国際標準化では、内外の政府と企業のほとんどを敵にして、面前に立ちはだかるコンクリートの壁を素手で割るような困難を感じた。一条の光明さえも見えない、長くて苦しい国際標準化バトルだった。その過程で、ともに戦っていたソニーの仲間が退職していった。敵対してはいたが優しかった、米国企業の国際標準化担当者が急逝した。敵と味方の誰もが、極度に疲弊していたのだ。ほんとうに辛い毎日だった。それでもチームは機能し、JR東日本のスイカは、近接通信方式（NFC）として国際標準になった。

グループ（企業）の中には「いつも」複数のプロジェクトピース（事業）が必要である。それはグループが常時存続するために、長期的な目標を達成しなければならないからである。グループまたはプロジェクトピースの中には「ときどき」タスクフォース（活動）が必要である。それはグループやプロジェクトピースが存続するために、臨時に一つの短期的な目標を達成しなければならないからである。グループまたはプロジェクトピースの中には「まれに」チーム（闘争）が必要である。それはグループやプロジェクトピースが勝利するために、瞬時に闘争をしなければならないからである。

チームメンバーは、全員がリーダーの能力を持っていなければならない。すなわち、チームはリーダーの集合体（リーダーシップ）である。そうでなければ、チームメンバーにとってリーダーの存在理由が理解できない。チームメンバーは目的達成において自由であるが、常に混沌とした秩序の中にある。その秩序とはチームメンバーをアシストするリーダーに依存する。それこそが、まさに井深氏と盛田氏が率いていたソニーの姿である。

理想的な取締役会組織

ソニー役員の退職慰労金の額は、不思議なことに大賀氏と久夛良木氏を除いて不明である。大賀氏は16億円、久夛良木氏は30億円を超えている。いずれも将来自分が受け取る高額退職金の前例づくりとして、取締役会報酬委員会を利用して出井氏が決めたものだろう。さて、出井氏とストリンガー氏の退職金はいくらだったのだろうか。

ソニーは商法上の委員会設置会社だから、取締役会の下に指名委員会、報酬委員会、監査委員会の三つの委員会を設けている。ただし、この制度にはヒトに関する指名委員会とカネに関する報酬委員会はあるが、モノ（事業）に関する経営委員会はない。さらに、これらヒトとカネに関する二つの委員会の審議対象は、会社経営（公益＝企業）を対象にしたヒトとカネではない。取締役自身（私益＝個人）を対象にしたヒト（誰を取締役に選ぶか）とカネ（その誰がいくら報酬を受けるか）だ。取締役会の機能として、変だとは思わないのだろうか。２００３年の委員会等設置会社への移行から、ソニーの取締役会は機能不全に陥っている。

ソニーの自由闊達とは「混沌とした秩序」のことであり、社員がそれぞれ自由に振る舞いながらも、まとまって一つの方向へ進んでいたということである。そこに居たのが井深氏や盛田氏である。彼らをリーダーとしてチームを形成していたのが、その時代のソニーの姿だった。リードとは方向性の指示のことである。リーダーシップとはリーダーの集合（たとえば取締役会）のことであり、そのリーダーシップの方向性を維持するのがリーダーの役目である。つまり、井深氏や盛田氏の時代は、優秀な社員が大勢いて、彼らの進む方向を井深氏や盛田氏が示していたにすぎない。リーダーの例には、オーケストラのコンサートマスターや音楽バンドの指揮者がある。

わが命わがものと思わず、窮地において乱れることなく、己と仲間の器量を知り、決すれば必ず敵を倒すべし――それがチームである。スター選手が多い野球は、純粋なチームにはならない。メンバー個人のスター選手化を極力避ける日本の女子サッカーは、チームであるべき存在だ。メンバー個人のスターが常に攻守で働いているサッカーは、限りなくチームに近いタスクフォースだといえるだろう。一方、個人プレーが目立つ男子サッカーは、プロジェクトピースに近いタスクフォースだといえるだろう。限りなくチームに近い、規模が最大のタスクフォースの例が、47人の志士を抱えていた赤穂浪士である。

個人の集合体のグループではトップが1人になるが、そのグループが大組織になり組織的なガバナンスが必要になれば、そのトップは1人ではなくてチーム（巨大な一人）になる。委員会設置会社を含めて、最近では大企業の取締役会のほとんどが、組織ではなくて装置になっている。それでは取締役会が会社の資産を食い尽くすハイエナの集合体になってしまい、企業生命の存続が危ぶまれてしまう。大企業の取締役会は、現場を熟知した優秀なメンバーで構成されるアドホックのチームであるべきだ。取締役会のチーム化は、報酬制度の工夫で可能になる。チーム内に序列は禁物である。常務や専務などの階級を廃して、代表取締役（チームリーダー）を含めてすべての取締役（チームメンバー）を同一地位かつ均一報酬にすれば、出世を目的にする個人のエゴが排除されて、企業繁栄を目的にする堅固な取締役会（チーム）が形成できる。そうしなければ、ソニーという階層型会社組織の上にソニー取締役会という屋上屋の階層型監督組織を置くことになる。

２０１５年８月19日の朝日新聞が、東芝の不正会計に関する５６８億円追加損失の報道で、社外取締役の増員を伝えた。これについて、日本取締役協会の宮内義彦《みやうちよしひこ》会長（元ソニー社外取締役、オリックス前会長）は「どんな会社でも、トップが意図して、何かを隠そうとしたり、間違ったことを意図してやろうとしたりすれば、社外取締役が問題を見つけることはほとんど不可能だ」と指摘している。

当然のことである。この彼の発言は、ソニー社外取締役（報酬委員会委員）を務めた経験から、後になって学習したものだと思われる。宮内氏はオリックス退職にあたり、功労金44億円と退職慰労金（株式報酬）を併せて約55億円を受け取っている。たぶん、これもソニー取締役会報酬委員会から学んだものだろう。

取締役会の正常な機能は、社外取締役を何人置くか、どのような専門の社外取締役を置くか、などで発揮されるものではない。取締役が組織のために働く倫理的な人であればよい。しかし、人間の根源が個人の欲にあることからすれば、組織の維持に重要なことは組織の形などの枝葉末節ではなくて「個人報酬の工夫」だけになる。取締役の報酬が一般社員の最高報酬より低く、かつ取締役全員の身分が同じで報酬が均一であれば、個人の欲が抑圧され、取締役会はチームとして機能する。それ以外に、企業の取締役会を正常に機能させる方法はない。

人間の欲求

経済学の教科書では、マクロ経済学やミクロ経済学が語られている。しかし、経済学が相手にしているのは金銭ではなくて企業や消費者の行動であり、結局のところは人になる。だから、理系の学問とは違い、外部からの経済変動予見が難しくなる。でも、人間の欲を根源として経済を考えれば、経済学は単純化されてしまう。

たとえば税金には、所得税のように社会の安定化を図るものがある。それが本来の税金の姿であるが、欧州起源の消費税や印紙税のように国家の金儲けを図るものも発生してくる。だから消費税の経済への影響を語る前に、消費税の発生起源と、その必要性について語るべきだろう。それを無視して金の動きだけを追っているのが今日の経済学である。

世間で重宝されている経済学の教科書には、何か足りないところが多い。米国の著名な学者には、簡単なことを複雑に説明している人が多い。また、その複雑な考えを踏襲している日本の学者も多いように思う。その一つの例として、人間の欲求を5段階に分類した、「マズローの5段階の欲求」を、筆者が考える「ハラダの２－４段階の欲求」と比較してみたい。人を活用した企業経営を円滑に進めるためには、「5段階の欲求」の考察の前に「食欲と性欲と雑欲」という人間の三欲の理解が必要である。

〔マズローの5段階の欲求〕

1. 生理的欲求（Physiological needs）
2. 安全の欲求（Safety needs）
3. 社会的欲求／所属と愛の欲求（Social needs/Love and belonging）
4. 承認（尊重）の欲求（Esteem）
5. 自己実現の欲求（Self-actualization）

〔ハラダの２－４段階の欲求〕

1. 生理依存の本欲（動物的な欲）
　1．1 食欲（Desire for existence）

1．2 性欲（Desire for descendants）

2．言語依存の雑欲（人間的な欲）（Desires for the other than the two）

2．1 外面的雑欲（聞く、話す、の言語能力で発生する生理的な欲求）

2．2 内面的雑欲（読む、書く、の言語能力で発生する社会的な欲求）

食欲と性欲は**動物的な欲**である。雑欲も、それを単純に権力（power）だとすれば動物的な欲求だといえる。しかし、雑欲を動物本来の生理的な欲求（食欲と性欲）以外の欲（Desires for the other than the two）だとすれば、人間に特有な暇（動物にはない、食餌と睡眠以外の時間）と言語（動物にはない、対話と思考の手段）の獲得によって発生した、**人間的な欲**だと定義できる。動物は本能で自分を保護する。人間は言葉で自分を破壊する。組織運営や企業経営とは、雑欲を用いて食欲と性欲を同時に満足させることだといえる。

雑欲には自己の外面（身体）を重視する「生理的雑欲」と自己の内面（精神）を重視する「社会的雑欲」の二つがある。自己の外面とは、**他者との関係**のことである。生理的雑欲とは「聞く、話す」という低位の言語レベルの習得で発生する欲のことである。自己の内面とは、**自己との対話**のことである。社会的雑欲とは「読む、書く」という高位の言語レベルの習得で発生する欲のことである。

分類方法としては、欲望の達成段階で分けることもできる。すなわち、生理的（動物的）欲望と言語的（人間的）欲望の二つに大きく分けて、さらに生理的欲望を食欲と性欲の２段階にわけて、言語的欲望を生理的雑欲と社会的雑欲の２段階に分けることも可能である。このように人間の特徴を動物的な部分と人間的な部分（言語駆使能力）の根源に立ち返って考察すれば、すべてのものごとがすっきりと見えてくる。

サル社会を参考にすると、ヒト社会の構造が見えてくる。サルにも野性と餌付け（動物園のサル）の２種類がいる。民間企業のサラリーマンと公務員との違いだ。野性ザルは短命であるが、餌付けザルは長命である。餌が均等に獲れる野性では群れに序列が生まれにくい。餌の独占が可能な餌付けでは群れに序列が生まれる。ベンチャー企業や中小企業と大企業や官公庁との違いだ。同じサルでも、ニホンザルとゴリラでは、相当、生態が異なる。ソニーは野性から餌付けへと、企業体質が変化したのだろう。

組織の問題は、組織を構成する個人の欲が、組織の欲よりも優先されることによって発生する。社会の事象は、常に建前で語られる。しかし、その裏の本音（経済的な理由＝個人の欲）を追究しなければ、その事象の本質は理解できない。学者は事象を複雑にしたがる。それが自分の業績になるからだ。しかし、人間を欲の塊だとして捉える限り、すべての人工事象は単純になる。経済や経営という人工事象も例外ではない。

第5章　破壊された経営（タネ）のDNA

第5章では、ハワード・ストリンガー氏の後継者選びの真実について語り、続いてストリンガー氏が後継者に選んだ平井一夫CEOの人材育成と技術開発と組織活用と企業経営の失敗のうち、特に企業経営の失敗について語る。

1　ストリンガー氏はなぜ平井氏を後継者に選んだのか？

ストリンガー氏はなぜ平井氏を後継者に選んだのだろうか？　後継者選びについては、さまざまな憶測がマスコミから流されている。しかし、ソニー本社の中にいたからこそ見えていた真実がある。

2012年4月、ストリンガー氏が会長兼CEOを退任し、代わって平井氏の新CEO就任が決まった。ストリンガー氏のことを解任されたという人がいるが、筆者にはとても解任には見えない。解任された社長や会長が「取締役会議長」に就任するはずがないからだ。66歳の会長定年を67歳に延長し、それを無視してさらに延長を続けて、70歳になろうとするまで会長職に留まろうとした人だ。しいて言えば、名目上の解任だろう。

ストリンガー氏の退任は、本人の意思に反して、彼の続投に批判的だった一部の社外取締役の発言で決まったのだろう。ストリンガー氏の時代から、テレビ事業は9年連続で営業赤字であり、最終損益も5年連続赤字であった。それでもストリンガー氏の社長続投となれば、ソニーに対する世間からの風当たりも強くなる。だから、任期を1年延長して8億円の報酬を得るよりも、今の巨額退職慰労金を得てソニーとの縁を半分切りながら、取締役会議長として巨額の報酬も得るという選択肢をとったのだと推測される。日本に住まず、定期的にアメリカから日本に通うストリンガー氏にとっても、年数回の取締役会議長の役割なら簡単にこなせる。

筆者にとって、ストリンガー氏の後継者の人選理由は明らかである。**自分の権力を維持して、高額報酬を受け続けたい。それなら、自分の息がかかって意思疎通ができる者を社長にしたい。**自分は何もしないで、赤字の責任もとらなくて、それで次期社長の後見人として高額報酬を受け続ける――それが平井一夫氏を後継者に選んだ理由であろう。本人の心中はわからないが、ソニーの事業のことなど眼中になく、ストリンガー氏個人にとってポジティブな人選だったと思う。

そうして選ばれた平井社長の特徴を一言でいえば、オオカミ少年、無責任人間、という言葉が似合う人、になるだろう。ソニーが発表する事業計画や業績予測と、その修正

平井一夫

の繰り返しを冷静に見ていくと、どうしてもそういう結論になる。

人間は時間をかけていじくり、機械は即座にいじくる。急なリストラの進行を見ればわかるが、この原理原則を知らない人でもある。ソニーの歴史を聞いて読んで知ってはいるが、自分で考えて理解してはいない。他企業や政治家、官庁、金融機関を手玉にとれるような、そんな大人の経営者でもない。

子どもに大人は育てられない。すなわち、平井氏が自分を超える後継者を育てることなどできない。ソニー本体のエレクトロニクス分野で働いてきた社員は、企業のゴミでも機械でもない。れっきとした人間である。それを無分別に切り捨ててきた、人間を人間として扱わない企業経営者でもある。平井社長と、彼の取り巻き社員にとって、そのような行為が何を意味し、どういう結果を招くのか、それは永遠に理解できないことだろう。

社会の風潮に振り廻されない、社会を振り廻すような企業、それが〝SONY〟という文字の意味だった。ソニーの凋落ぶりがこれだけ今日の話題になるのは、ソニーが異色の企業だったからだ。その異色企業を凡庸以下の情けない企業に変えたのが、出井氏、ストリンガー氏、平井氏の3人である。ソニーの人材のDNAを壊した大賀氏を引き継ぎ、さらにソニーの技術のDNAを壊した出井氏を引き継ぎ、はたまたソニーの組織のDNAを壊したストリンガー氏を引き継ぎ、**ソニーの経営のDNAを徹底的に壊した最大の責任者は平井一夫氏**だろう。彼は「ワン・ソニー」を経営スローガンにした。しかし、ソニーはバラバラになってしまった。

2　経営の意味を知らない経営者

平井氏が社長に就任した年、２０１２年9月、岐阜県のソニー主力工場、ソニー美濃加茂の閉鎖が発表され、大勢の従業員が解雇されることになった。そして、それから僅《わず》か3か月後、12月のクリスマス前のことである。12月22日が誕生日の平井氏はアメリカの自宅へ飛んだ。表向きの理由は、年明け早々にラスベガスで開催されるコンシューマーエレクトロニクスショー（ＣＥＳ）に向かう予定だった。アメリカに自宅を持つ平井家では、アメリカで日本の正月を迎えるのが毎年の恒例らしい。紅白歌合戦など日本の年越し番組を録画して、それを家族で観ながら、アメリカで新年を迎えるそうだ。社員への思い遣りのかけらもない、社長業というものをまったく理解していない、異星人社長の誕生である。きっと、ソニー美濃加茂の内部など、見たこともないのだろう。

投機的水準レベルに落ちた株

２０１２年11月、欧州系格づけ機関フィッチ・レーティングスが、ソニーの長期信用格づけを23段階のうち13番目の「投機的水準」に格下げした。それに続き２０１３年１月、米国系格づけ会社のムーディーズ・インベスターズ・サービスも格づけを１段階下の「Ba1」に下げた。フィッチと同様に、ソニーの株を投資に向かない投機的水準だと評価したのである。こうしてソニーは、金融界から投資不適格企業という烙印を押された。会社の実情を把握していない経営者がトップに座るソニーである。無理もない。

平井氏は自分だけでなく、ソニー社員にも家族や友人とリラックスした楽しい休暇を過ごし、２０１３年に向けて英気を養ってほしかったらしいが、ソニー美濃加茂の閉鎖に伴い、職を失って新年を迎えた人たちは、それを聞いてどう思うのだろうか。

社長が現場を見ない、現場に興味を持たない、第一線で働く人と会話をしない、現場と第一線の仕事を経験したことがない……権力と法律に守られて虚業をする企業なら、そんな社長でも構わないだろう。しかし、実業をする企業なら、そんな社長がトップに立てば、どんな企業でも10年もすればボロボロになる。

平井社長は「小さな本社としてガバナンス（企業統治）に取り組み、必要最低限度の管理機能を持つことを目指す」と言うが、それは赤字が続くエレクトロニクス関連事業を切り捨て、金融、保険、娯楽を中心にした事業を統括するホールディング会社を設立し、その頂点に自分が立って高給を取り続けることではないだろうか。

「テレビの復活なくしてソニーなし」と言い続け、優秀な技術者を引き止めて、テレビ事業の黒字化を約束してきた歴代のソニー社長。その言葉を信じて、ソニーと命運をともにしてきたテレビ技術者。そしてテレビ事業の子会社化。彼らは今、何を思っているのだろうか。

テレビのことなど社長は皆目《かいもく》わからない。だからテレビ事業の責任者に事業のすべてを丸投げし、３Ｄテレビでお祭り騒ぎをして、４Ｋテレビが売れそうなら残す、売れそうもないなら売却する、その判断の事前段階としてテレビ事業を分社化する、そこには長期的な事業戦略など見られない。ひょっとしたら、もはやテレビ事業は儲からないので、とりあえず規模を縮小し、いずれは解散させるのだろうか。それでも後手の対策である。

シード・アクセラレーション・プログラム（ＳＡＰ）

ソニーが始めた新しいコト。それが感動という曖昧な言葉で技術を理解する平井氏の下、社長直轄で始まった思いつき作戦（アイデア募集）である。具体的に列挙すると、いつもの住空間に新しい体験を創り出すＬＥＤ電球スピーカー「Life Space UX」、ソニーの技術を活かしてスポーツをおもしろくする「スポーツエンタテインメント」製品、ユニークな発想とソニーならではの技術を不動産顧客ニーズに変換する「新しい不動産会社のカタチ」、簡単操作のデータ共有で在宅利用連携・地域包括ケアに貢献する「在宅ケア連携支援システム」、日本独自の算数教育を世界へ広げる「教育ビジネス」製品、便利で安全に薬の情報を管理する「電子お薬手帳」などである。

「他人のやらないことをやる」というソニースピリットは、既存の技術を借用した、ちょっとした思いつきを事業にすることではない。研究開発により新しい技術を生み出し、それを応用して新しい製品を世の中に出す、という意味である。決して、思いつきで新しい商品を開発したりビジネスを生み出したりすることではない。それでは地方創成プログラムに見られるような、行政との紐が切れたらすぐに衰退するような、紐付きのアイデア商品開発プログラムになってしまう。

ソニーのＳＡＰ（Seed Acceleration Program）は、社員からビジネスのアイデアを募り、社内外に存在する技術や人をつなぐことで新たな事業をスピーディーに創出するプログラムだとされている。しかし、筆者にはＳＡＰがＢＡＰ（Bubble/Burst Acceleration Program）に思えてしかたがない。本書の第３章で技術の重要性を説明したが、存在しないものを創るのがイノベーションであり、ソニースピリットである。勘違いも、ここまで進むと開いた口が塞がらない。

　半導体技術や磁性体技術など、基礎技術を応用したトランジスターラジオ、オーディオテープレコーダー、ビデオテープレコーダー、ラジカセ、トランジスターテレビなどの商品開発に続き、部品技術や製造技術を応用したウォークマン、ＮＥＷＳワークステーション、コンパクトディスク（ＣＤ）、ハンディカム、ミニディスク（ＭＤ）、プレイステーション、ロボットのアイボなど、新規性が高い商品を開発し、販売してきたソニーである。しかし、ここ20年ほどは、記憶に残るようなヒット商品が皆無になっている。

　その現状を打開しようと、ストリンガー氏の時代に、ソニーは研究開発（Ｒ＆Ｄ）要員を本社に集めて、技術開発を進めようとした。しかし、その実体は研究所の解体や縮小に伴い、あまった研究者を寄せ集めた「アイデア開発部隊」にすぎなかった。その傾向は今も続いている。それが２０１４年４月にスタートしたシード・アクセラレーション・プログラム（ＳＡＰ・新規事業創出プログラム）である。素直に言えば、思いつき（アイデア）商品の開発システムである。

　ＳＡＰでは、広く社内からアイデアを募り、３か月ごとにオーディションを開き、ベンチャーキャピタルの目利きが案件の審査をするそうだ。ベンチャーキャピタルの目利きとは、誰のことだろうか。こうして、思いつきで始める、短命で小さな事業がソニーに増えていく。ソニー不動産もその一つのようだが、不動産仲介業は電鉄会社や銀行など、不動産購買顧客を取り込める企業が副業ですることだ。ソニーがするべきことは、森ビルのように自社所有の土地とビルを持ち、それで賃貸業を展開することである。しかし、都心に所有していた優良不動産のほとんどを売却してしまったソニーに、その事業はできない。

SAPの特徴は全社を対象にした社長直轄のプロジェクトであることだ。事業部門で開花しない「アイデア」でも、SAPで承認されれば、社長直轄の組織と予算で対応できる。企業の実態を知らない人間が考えそうなことである。トップダウンというのは、トップが自信を持って考えたことを下に実行させることである。判断能力がないトップが、下から持ち上げられた案件を採用することではない。社長直轄で思いつきのままごと遊びをしているようでは、ソニーの将来が思い遣られる。

SAPを全面否定するものではないが、それは誰にでも真似ができる技術不要のビジネスである。白人でもない、極東の島国の黄色人種が立ち上げたソニーという会社が、技術研究所（頭脳）をなくして、アイデアだけで技術のない製品を海外へ売ろうとしても、アップルやノキアなどの顔（白人）に負けてしまうのは当然のことである。

ソニーにヒット商品がなくなったことについて、縦割り組織の問題や人材流出の問題を挙げる人が多い。しかし、その根本原因は技術開発をするべき研究所の廃止である。確かに情報通信研究所やマテリアル研究所など、一部、研究所の名前を付した組織はあるが、それらは基礎的な技術を開発する部署ではない。それよりも先に、その規模が小さくて話にならない。

経営者の恥――しかし、必要な大手術

事業の失敗が軽傷や軽症であれば、それに対して漢方薬的な処方で対応する。そうして経済と経営を回す。それが「できる経営者」である。もちろん、軽い病は、日々の節制で予防できる。大手術に至ることは、企業経営者の恥である。しかし、ひとたび事業の失敗が重傷や重症だとわかれば、そこに大手術や大治療が必要になる。その重病に対して細かい対応を延々と続けていれば、ますます症状が悪化するのは当たり前である。ソニーの重症を看過してしまい、大手術ができなかったのが平井氏である。

社長に就任してからの平井氏は、次々と失敗を繰り返している。社長に就任する前も失敗の連続だったが、それでも社長に指名された。平井氏は「組織の階層を減らし、意思決定を早め、結果・説明責任を明確にする」と述べている。説明責任……何と空虚な言葉だろうか。事業失敗の責任は、すべて最高経営責任者（ＣＥＯ）の責任であり、その失敗は説明するだけではすまされない。

「ヒトを残して去る者は上」、「モノを残して去る者は中」、「カネを残して去る者は下」、それが企業を次代へと繋ぐ経営者の評価である。人材育成ができず、自分の巨額報酬を目

指すソニーの経営者たち。平井氏は、ヒトを残さずに、モノとカネの両方も含めて、すべてをゼロにリセットして、またはマイナスにして、ソニーを去るのではないだろうか。

3　企業経営の原理原則

企業経営の原理原則を知らずして、経営の詳細を議論しても、何も始まらない。経済とは、今日に必要とされる食糧を求める行為であり、経営とは明日に必要とされる子孫を残す行為である。

経済と経営

まず、経済と経営の違いを定義しよう。ソニーの経営の失敗を語るには、経済と経営の違いの理解から始めなければならない。経済と経営の両立なくして、家庭や組織は存続できない。「経」とは、ものごとの道理を意味し、「済」とは、取引を意味する。図Dに企業経営の原理原則を示す。

経済とは、人間の共同生活の基礎をなす食糧（生産財）の生産、分配、消費のことである。その意味のとおり、貨幣が存在しない社会にも経済は成り立つ。貨幣社会においては、具体的にいえば金銭のやりくりのことが経済になる。端的にいえば、それは散財を蓄財に変えることである。言い換えれば、日々の食欲を満たすことである。また、それは質（ヒト＝能力）を量（カネ＝食糧）に変えること（現象化）でもある。

経営とは、経済の営みのことである。その営みとは性交のこと、つまり次代の種を残すことである。その意味のとおり、貨幣が存在しない社会にも経営は成り立つ。貨幣社会においては、具体的にいえば経済を子孫に引き継ぐことが経営になる。端的にいえば、それは断絶を継続に変えることである。言い換えれば、将来に子孫を残すことである。また、それは量（カネ＝食糧）を質（ヒト＝能力）に変えること（本質化）でもある。

教育とは、人間の従属状態を自立状態に愛情で変えることである。経済とは、食を満たし、今日を生き抜くことである。経営とは、余力を残し、次代に命を繋ぐことである。企業経営の本質が存続であるのなら、人から人へと引き継がれるべき企業経営は百年を超える計になる。企業という生命体の維持に必要な食欲を放棄し、次の世代の誕生に必要な性

図D：企業経営の原理原則

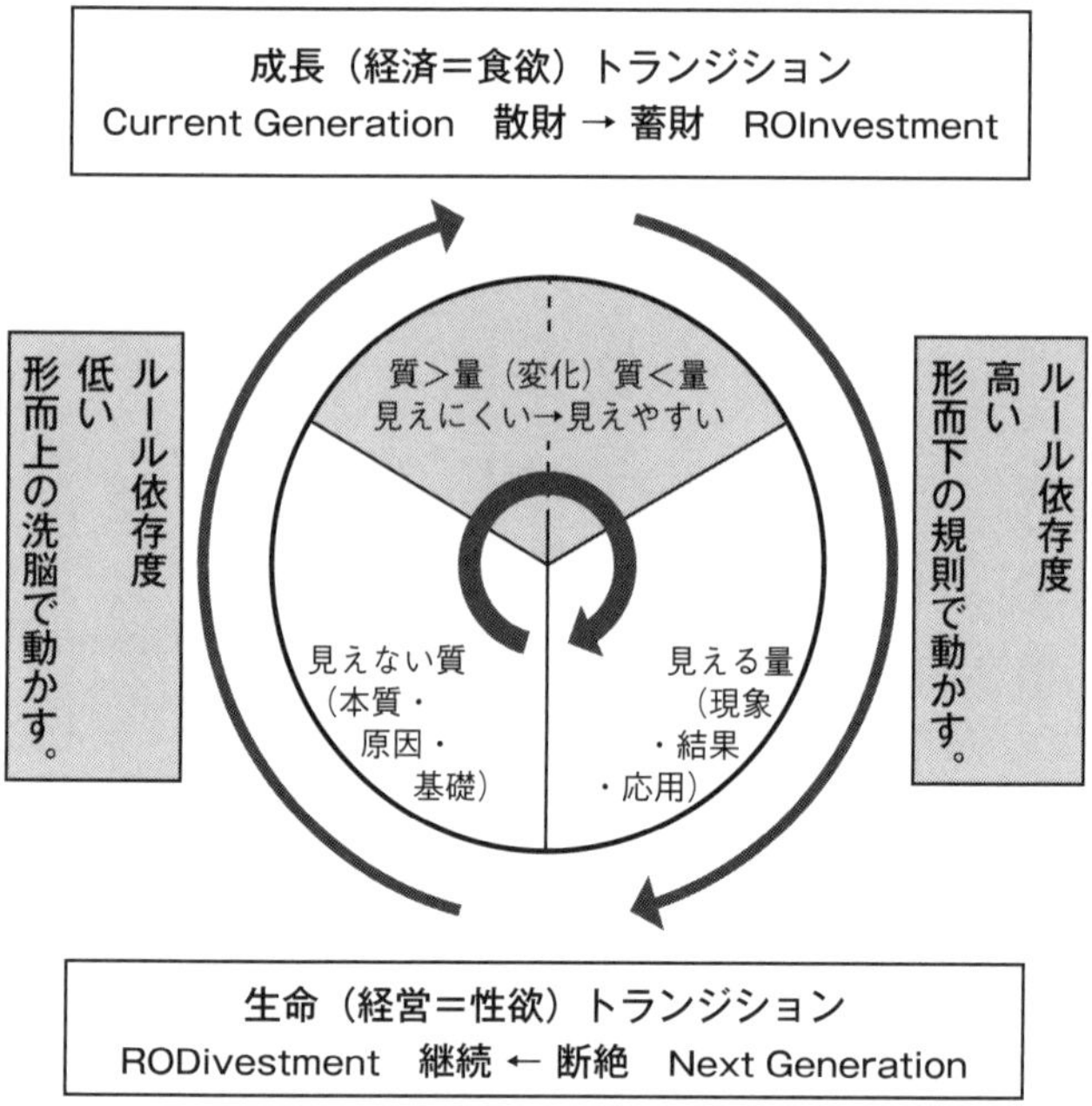

欲も失ってしまったのが平井ソニーの現実である。

「田を耕すは一年の計、木を植えるは十年の計、人を育てるは百年の計」という言葉がある。企業経営の本質が存続であるのなら、人から人へと引き継ぐ企業経営は百年を超える計になる。

次世代への継続には、ヒト、モノ、カネのすべてを残して伝えなければならない。しかし、それにも上中下の優先順位がある。カネを残して去る者は下であり、モノを残して去る者は中であり、そしてヒトを残して去る者が上である。ただし、将来のリスクも、上中下の順番で高い。人間から得られる利益は不慮の事故で失われてしまうが、土地や金利から得られる利益は法律が変わらない限り失われない。

株主にとって必要なことは、株主の利益ではなくて、絶え間ない「事業の革新＝経済」と安定した「企業の維持＝経営」である。それは企業の継続的な拡大のことではない。株主資本利益率（ＲＯＥ）を重視する株主は、企業経営を賭博《とばく》のネタにする博徒《ばくと》であり、本来の意味の株主ではない。

教育により人を得て、植林により水を得て、それで田を耕すことができる。それを忘れてはならない。主を失って兵が逃げ出した城は、すぐに朽ち果てる。漁場の魚を獲り尽くしたら、次の年からの豊漁は期待できない。どちらも当たり前のことである。企業の経営指標として使われるＲＯＩやＲＯＥという言葉が意味するところは、誰の目にも見える、田を耕す作業と収穫だけを対象にしている。しかし、田を耕す機械がなくなり、田を耕す能力がなくなり、田を耕す人がいなくなり、そして耕すべき田がなくなる——そういう事態を迎えても、経済学者や経営学者はROIやROEの重要性を叫ぶのだろうか。

第6章　拝金至上主義になった社会

貨幣経済が発達した結果、株式会社が現実のものになり、企業の存在意義を株主の利益に求める人が増えた。しかし、本来の企業は社会的な存在である。もともと株主は投資から利益（リターン）を求める人ではなく、その企業の繁栄を支援する人である。自分で生活するだけの資金を持たなかった創業時のソニー。その貧乏なソニーに金銭的な支援をしたのが、前田多門氏と野村胡堂氏の2人である。彼らは井深氏と、井深氏が設立した東京通信工業（ソニーの前身）を支援したが、自分たちのリターンを求めることはなかった。それが人と企業を支援する株主の本来の姿である。

1　企業のあるべき姿

社会的な存在とは何だろうか。それは多数の従業員を抱えながら、悪事に染まらず、継続的に社会へ貢献する存在のことだ。それが企業の本来の姿だと思う。社会は人で構成される。企業も人で構成される。個人には生きていくために技術（能力）が必要であり、組織には生きていくために経済（食糧）が必要である。人材は経営のピラーであり、技術と組織は経営のツールである。言い換えると、経営に必要とされる技術と組織には人材が必要であり、経営には人材をベースにした技術と組織が必要になる。

人材、技術、組織、経営の関係

少し説明がわかりにくいかもしれないので、ここで説明する人材、技術、組織、経営の関係については図5を参照してほしい。まず、人材を育てる。その育てた人材が、技術を生み、組織を作り、その技術と組織を活かす。その活きた技術と組織で企業を経営する。すなわち、人材は企業経営という車の動力源であり、その燃料は燃えて尽きる。技術と組織は企業経営という車を支える両輪であり、その両輪のタイヤは摩耗する。もちろん、燃料（人材）補給とタイヤ（技術と組織）交換の頻度は違う。適切なタイミングで燃料の補給とタイヤの交換をしながら車を走らせる。それが経営である。何とも単純な話だ。

すべての経営に欠かせない条件が、商店経営に代表される個人プレーとしての必要条件である。一方、組織的な経営に欠かせない条件が、大企業経営に代表される組織プレーとしての十分条件である。小規模な経営をするならば、必要条件だけで構わない。しかし、大規模な経営をするならば、どうしても十分条件を満たさなければならない。また、比較論になるが、小規模な経営の継続は個人依存なので不安定であるが、大規模な経営の継続は組織依存なので安定である。

技術は金銭を稼ぐ（経済）ために必要であり、組織は生命を繋ぐ（経営）ために必要である。技術と組織を可能にするのが人材であり、企業の存在（社会的かつ継続的）を可能にするのが経済と経営、すなわち技術と組織である。まず、広く人材を求めて、その人材で技術と組織を可能にし、その技術と組織を以って経営する、それが企業経営者の仕事である。

人材と技術だけでも個人なら生きられる。しかし、個人の生命は有限である。集団の命を繋ぐには組織と技術が必要になる。食糧の確保に必要とされるのが個人の技術であり、集団の生命の維持に必要とされるのが組織である。組織の生命は無限である。図5に示すヒト・モノ・カネは企業経営の資源であるが、それ以前に企業経営の目的と結果、すなわち次世代に繋ぐタネ（種）でなければならない。

また、人材、技術、組織、経営のそれぞれが、質と量の両側面を併せ持つ存在である。ただし、人材と技術には質的側面の影響が大きく、長期的な視野で対応しなければならない。それに反して、組織と経営には量的側面の影響が大きく、短期的な視野でも対応が可能である。ソニーの失敗の事例でもわかるように、人材と技術の失敗を取り戻すには数十年の月日が必要とされる。そうなると、経営センス不足の経営者は、組織と経営の小手先の改革を続けることになる。

第5章の図Dを使って説明したが、人材と技術が企業の成長の源泉であり、組織と経営

図５：人材・技術・組織・経営の関係

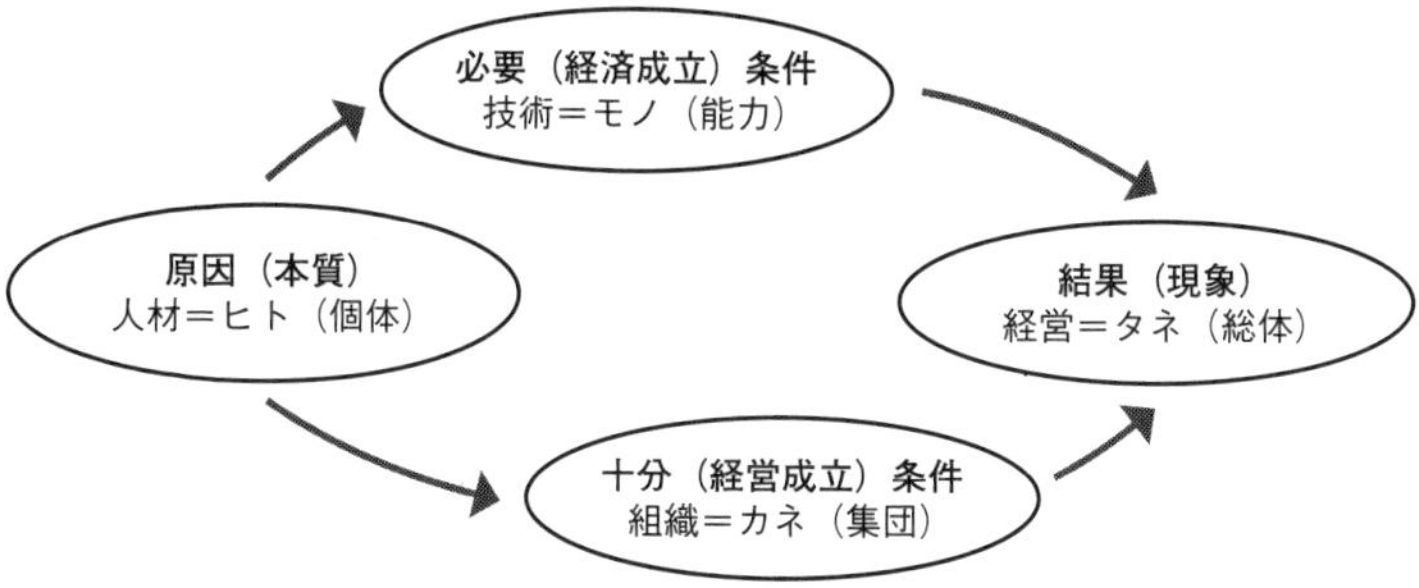

が企業の生命の源泉である。大賀時代の人材（ヒト）の喪失が、出井時代の技術（モノ）の喪失に繋がり、それがストリンガー時代の組織（カネ）の喪失に繋がり、さらには平井時代の経営（タネ）の喪失を招いたといえる。

大規模な開発、製造、販売という一連のプロセス（モノづくりの開始から完結まで）には、ふつう個人ではなくて組織で対応する。すなわち、人材（ヒトづくり）の役目がプロセス（モノづくり）の開始になり、組織の役目がプロセスの完結（カネづくり）になり、経営の役目がカネづくりで得た利益の次代の人材への投資（タネづくり）になる。

ともあれ、本書の解説を参考にして、人材、技術、組織、経営を読者なりにシンプルに定義してほしい。次代へと引き継がれる総体（経営）の生命の源泉が能力（技術）と集団（組織）であり、その能力と集団の源泉が個体（人材）である。

技術は人材を以って成立する。機械では、技術は成立しない。組織は人材を以って成立する。機械では、組織は成立しない。経済は人材と技術を以って成立する。貨幣だけでは、経済は成立しない。経営は技術と組織を以って成立する。すなわち、経済が成立して、経営が成立する。永続的な経営は、「人材・技術・組織・経済」で成立する。そのどれを欠いても、経営は成立しない。機械のような人や、技術に裏打ちされない貨幣で、永続的な経営はできない。

人材には寿命による代謝がある。その代謝によって、事業の代謝と組織の代謝が推進され、企業が永遠に存続できる。企業の個々の事業や組織は老化するが、総体の企業は老化しない。経済活動とは、技術をツールにして今日の食欲を満たすことである。経営活動とは、組織をツールにして明日に子孫を残すことである。自分の能力は自分の意思で金銭に変えられるし、自分の金銭は自分の意思で能力に変えられる。今日を生きるためには、自分が身につけた質（技術＝能力）を量（食糧＝金銭）に変えなければならない。明日を生きるためには、自分が持っている量（食糧＝金銭）を質（技術＝能力）に変えなければならない。やはり質と量は、互いに背反性を持ちながらも二者一体なのである。

図5を参照すれば、ソニー凋落の原因が人材の損失に始まり、技術の崩壊から組織の崩壊へ、そして経営の失敗へと繋がっていることがわかる。カネがなくてヒトとモノだけが存在する社会とモノがなくてヒトとカネだけが存在する社会、その違いが経済と経営の原理原則を語る。事業と組織の二つの側面から、その原理原則でソニー凋落の原因を紐解く

とわかりやすい。

2　拝金主義という病に罹患した人々

拝金主義の典型的な形がピンハネである。それは銀行のように直接、金銭からピンハネする場合と、口入屋（人材派遣業）のように労働力を介してピンハネする場合とがある。昔からピンハネする側は、ヤクザのような非合法組織が多かった。しかし、それが今では法律で認められた人材派遣会社になり、ピンハネにうしろめたさを感じる必要がなくなった。

人材派遣の利鞘は、50パーセントを超える。ピンハネはピラミッド組織に特有で、たとえば暴力団では上部組織が下部組織から上納金を徴収する。建設業では元請が下請けに仕事を丸投げして利益を得る。この丸投げとピンハネが、企業という一つの組織内で始まると、その企業は成立しなくなる。

出井氏と平井氏は求心力と遠心力という言葉でこれからの経営を説明している。それはソニーのホールディング会社への布石であり、ソニーグループの頂点に座ることが目的だろう。エレクトロニクスの分社化は必要なことなのだろうか。銀行や保険、娯楽などの事業を分社化しても何も問題ない。エレクトロニクスのような分野横断的な総合力を強く必要としないからだ。

エレクトロニクス事業の分社化は、ソニー本社への一極集中ではなくて、分社化という遠心力を利用して、各事業に対する社員のオーナーシップを高めて、各社が迅速な意思決定をして、ソニーグループの機動力を高めるという考え方だ。一隻の巨艦から複数の船団への改革である。しかし、これが経営者の無責任という丸投げでなくて何だというのだろうか。

ソニーという巨艦から、複数に分社化された船団になるという考え方もあるだろうが、もともとソニーの下に複数の事業部が存在していれば、一隻の巨艦に寄り沿う複数の船団の形になる。巨艦の船長が船団全体を把握している限り何の問題も生じない。しかし、巨艦の船長が船団全体を把握できなくて、それで船団の一隻が沈没したら、その特定の一隻の船長が沈没の全責任をとるべきだ、とされるのだろうか。

理系脳、文系脳、経営脳、支配脳、日経脳

人の考え方を知ることは、経営者にとって、またビジネスにとって、もっとも重要なこ

とである。ここでサラリーマンの脳のパターンを5種類に分類して紹介する。それは理系脳、文系脳（この二つはよく知られている）、経営脳、支配脳、日経脳である。まず、これらを大別してから、それらの脳の組み合わせを紹介する。

□人によって違う5種類の脳

理系脳：技術と自然に興味を持ち、金銭に興味を持たない人
文系脳：金銭と人工に興味を持ち、技術に興味を持たない人
経営脳：理系脳と文系脳の双方を理解し、組織を運営する人
支配脳：理系脳、文系脳、経営脳の活動を束縛して儲ける人
日経脳：技術の意味を知らず、経済とはカネの動きだとする人

□事業を進める3種類の脳

実業脳＝理系脳＋文系脳
虚業脳＝支配脳＋日経脳
政治脳＝実業脳＋虚業脳

少しまとめると、理系脳は技術を目指す「モノづくり脳」、文系脳は商売を目指す「カ

ネづくり脳」、経営脳は人材育成＋（技術活用・組織活用）＋企業経営を目指す「ヒトづくり脳」、虚業脳は賭博場開設と利鞘収入を目指す「ルールづくり脳」だといえる。虚業脳とは、仕事には遅行性で対応しながら、その結果に即効性を求める風潮に染まり、経済とは金儲けのことだと理解している人々のことである。

大多数の従業員の職種が営業であり、その一部が政治の変化や消費者の動向を対象にして思いつきの商品開発をする。それが銀行や証券会社、保険会社などのいわゆる虚業の会社である。「社長と一部の幹部社員」、それに外注も可能な「営業マンと窓口担当者」、この二つに分けられた仕事、その体制がモノづくりの実業の会社に持ち込まれたら、その会社が正常に機能することはない。

株主は自己の利益を追求する。それは〝日経〟的な洗脳パターンである。自己の利益を追求する……それは株主の役割ではない。投資ブローカーの役割である。企業と、そこで働く人々を永続的に支援する……それが株主の役割である。

筆者は日本経済新聞を応援している。また、日経と、その関係各社には知人も多い。しかし、その昔と今の姿勢を比べてみると、「国家経済の育成役」から「株式博打《ばくち》の指南役」へと変身しているように思えてならない。日経と名がつく企業で働く人たちには申し訳ないが、「経済活動のことを金儲けのことだと考える人たち」を本書では日経脳とさせていただいた。

事業の先が読めない経営者

ハワード・ストリンガー会長兼社長の後を継いだ平井一夫社長は、ソニーの本業とされるエレクトロニクス事業の再生とテレビ事業の黒字化を必達目標に掲げてきた。２００５年にソニー代表執行役社長兼エレクトロニクスＣＥＯに就任した中鉢良治氏も、同じ目標を掲げていた。それから10年近くが経とうとしている。しかし、テレビを含めたエレクトロニクス事業が黒字になることはない。

ここ数年、次々と返還予定を迎える大量の社債を抱えたソニーがとった具体的な施策といえば、自社資産のビルや工場を次々と売却し、その売却益を営業利益に組み込むこと、それに大量の人員削減により固定費を削減することだ。ベルリンのソニーセンター売却に続いて、旧ソニー本社ＮＳビル売却、そしてニューヨーク本社ビル売却、新築から2年後のソニーシティ大崎ビル売却……現在のソニー芝浦本社ビルも、すでにソニー本社の所有物ではない。

工場に目を向ければ、ソニー根上《ねあがり》の売却は昔話になり、ソニー美濃加茂の閉鎖と売却も昔話になろうとしている。また、投資ファンドの日本産業パートナーズを主力会社にした新会社にパソコン事業を売却したし、テレビ事業も分社化した。さらなる人員削減も計画されている。

筆者は2010年末にソニーを退職した。その2か月前、2010年11月のことだ。1週間の休暇をとった筆者は、中国大手家電企業ハイアール本社から送られてきた電子チケットを手に中国の青島《チンタオ》に飛んだ。同年8月にソニー退職後の就職の可能性をハイアールから打診され、CTO(最高技術責任者)との面会が予定されていたからだ。就職するかどうかは決めていなかったが、仕事の内容と提示される年俸への興味が自分を動かしていた。

さまざまな仕事を経験してきた筆者だが、当時は国際標準化の専門家だった。しかし、国際標準化よりも相手が熱心だったのが、テレビ技術者の引き抜きと知財専門家の引き抜きだった。当時のハイアールはテレビ事業で出遅れて、中国のライバル企業を相手に苦戦していた。テレビ技術者については、LEDテレビの設計から製造まで一貫して担当できるように、10人ぐらいの技術者をまとめて日本企業から引き抜いてほしいという話だった。

そのタイミングから考えると、ソニーがテレビ事業の売却を考えるべき時期は2005年のことだったのだろう。ソニーブランドの液晶テレビ、ブラビアが最高に売れて、ソニーのテレビ事業が復活し、会社が黒字基調だった時期だ。そのときに他社に先駆けて事業の売却を準備し、それから数年でタイミングを捉えて高値で売却するべきだったのだ。今大切にしているもの、それはすでに過去の遺産である。2010年までなら、ソニーがテレビ事業を高値で売却することはできたと思う。

事業の先が読めない経営者ほど、社員にとって迷惑な存在はない。半年先に予定されたパソコン事業売却の発表や技術者の心情を軽視したテレビ分社化の発表。これら一連の事業構造改革の事前発表は、事業改善への意欲を少しでも世間に見せて、それなりに株主の評価を得て自社の株価を支えたい……その一心からだったのだろう。ソニーは、そこまで追い詰められているのだ。

ソニーのエレクトロニクス事業の今後

今のソニーの台所事情を考えるなら、赤字基調のゲームはもちろん、エレクトロニクス事業（スマホやタブレット、デジカメ、ビデオカメラなど）からは、すべて即座に撤退するべきだろう。ただし、各種センサー、半導体、電池、それに素材開発の事業は部品事業として残すべきだ。ソニーの技術者には申し訳ないが、それがソニーというブランドを残す唯一、かつとりあえずの道だと思う。入力デバイス、半導体とソフトウェア、出力デバイス、電源の四位一体の技術は、従来のエネルギー、電力、教育、軍備、交通、水道などに追加されるべき近代社会インフラの要素である。これらの技術に日本が突出しているなら、近隣諸国はもちろん、欧米諸国からも対等に扱われるだけでなく、尊敬されるだろう。

すでにソニーに格別の部品技術はない。しかし、過去のソニーは、磁気テープ、トランジスター、トリニトロンブラウン管、光ディスク、電荷結合素子（ＣＣＤ）、高音質ヘッドホーン、リチウム電池など、優れた部品の開発を機軸にして発展してきた企業なのだ。カラードの国であっても、アジアの小国であっても構わない。その技術が世界から評価されていたのだ。他社の追従を許さない高度技術の部品があってこそ、他社の追従を許さない排他的な商品開発が可能になる。部品事業は赤字でも構わないから、長期的に独自の技術開発を続けて、それを将来の商品化に繋ぐこと、それが今のソニーが進むべき道だ。

過去の部品技術の商品化例

磁気テープ：オーディオテープレコーダー、ビデオテープレコーダーの商品化
トランジスター：小型ラジオ、小型テレビ、小型ビデオテープレコーダーの商品化
トリニトロンブラウン管：トリニトロンテレビの商品化
光ディスク：コンパクトディスク（ＣＤ）の商品化、さらにＤＶＤ、ＢＤの商品化
電荷結合素子（ＣＣＤ）：小型ビデオカメラ、デジタルカメラの商品化
高音質ヘッドホーン：ウォークマンの商品化
リチウム電池：ウォークマンなど、携帯型電子製品の商品化

残念なことにソニーは、すでに緊急避難として多数の自社ビルを売却してしまった。ど

んな時代でも、市場と消費者は新技術に味方し、政治と法律は不労所得に味方する。エンタメや金融、保険などのビジネスで稼ぎながら、その金で自社内に三菱マテリアルや三菱地所のような事業を持つことこそが、とりあえずソニーが目指すべきビジネスではないだろうか。

経営者が優秀である限り、企業生命の灯が消えることは永遠にない。自由闊達なる理想工場を社是としてきたソニー。高度な技術力で世界のエレクトロニクス産業を牽引してきたソニー。そのソニーが１９４６年5月の創業から70年の歳月を経ようとする今年、投資格付会社から投機的対象扱いとされるようになった。過去、20世紀後半まで突出した高値の株価を維持していたソニー……その栄光の歴史の灯が消えようとしている。

今のソニー凋落の原因は、出井ソニー時代からの経営者が創業者精神を置き去りにし、米国の物真似を続けてきたことに尽きる。ここ20年、ソニーに軽い社長が続く。しかし、出井氏から三代目の現社長の平井氏にも、過去のしがらみを断ち切ることができていない。用意された原稿を読むだけでなく、自分の頭でソニーの舵を操ってほしい。

ソニーの元副会長で初代ＣＦＯの伊庭保氏が２０１５年1月19日、4月15日に続き、ソニーのエレクトロニクス事業の再生に向けて経営ビジョンや事業戦略の明確化を求める3回目の提言書を6月1日付でソニー経営陣に送付したそうだ。しかし、その提言に「ＯＢが総会前にメデイアに意見出す事は止めましょう！」と出井氏が反論している。この事実だけでも、出井氏の影響力が、今のソニーに残っていることがわかる。

3 金が人を生むのか

企業は人材、技術、組織、経営の順番で、道を間違えながら衰退していく。コーポレートガバナンス（企業統治）の重要性を叫ぶ人は多い。その具現化のツールが取締役会である。ソニーと同じく執行と監督を分離した東芝は、監視機能を社外取締役に持たせる委員会設置会社制度を導入し、著名な学者らを社外取締役に選任して、ガバナンスの強化を図っている……つもりだ。しかし、東芝は複数年にわたる不適切会計問題を露呈させ、過年度決済の修正が必要になり、２０１５年３月期の決算さえ確定が難しくなってしまった。ソニーと同じく衰退が激しいシャープは、監査役会制度を導入し、規定の社外監査役以外に複数の社外取締役を選任して、ガバナンスの強化を図っている……つもりだ。

輝かしい経歴を持つ両社の社外取締役ではあるが、彼らにいったい何ができるというのだろうか。発生した問題に事後対応するのが社外取締役である。それは弁護士と同じ仕事で、企業の最低限度のガバナンスへの対応にすぎない。

企業経営の将来について事前対応する、それが取締役の本来の責務であるが、社外取締役にはできないことだ。企業は、社員と組織と仕事を理解する者だけが統治できる。カタカナ語に踊らされて、藁人形を取締役会に据えて、それに高額の報酬を与えてはいけない。

投資家と博徒の違い――株価至上主義

経済新聞を読むと、株の時価総額はいわば会社の価値そのものだとされている。だから4兆円もあればソニーが買えるという。が、それは違う。会社は固定資産だけで構成されているのではないからだ。人は流動的であり、人を買うことはできない。頭脳主体の会社と機械主体の会社は違う。ソニーが頭脳主体の会社ならば当然、その買収は難しくなる。

拝金至上主義を言い換えれば、株価至上主義になるかもしれない。朝日新聞の朝刊、「経済気象台」のコラムは、第一線で活躍している経済人、学者など社外筆者の執筆によるものだとされている。２０１５年3月10日のコラム「お家騒動より株主利益」の執筆者が、大塚家具の創業者社長の父とその娘の現社長との間に起きた企業経営の主導権争いについて触れている。その記事は「なぜなら、重要なのは株主の利益だからである」という言葉で締めくくられていた。

この記事の社外執筆者の真意がどこにあるのか、「株主の利益」とは「企業の利益」を意味していたのか、少し不明瞭なところがある。しかし、書くのなら「重要なのは企業の健全な成長を願い、その企業で働く人々を支援する株主」ではないだろうか。自分の利益を重視するのなら、それは株主ではなくて、すでに株価に賭ける博徒である。

企業は株主のために存在するのではない。企業は社会的な存在である。だから、企業は社会のために存在する。それが当然のことだ。ソニーとパナソニックの創業者、井深大氏と松下幸之助氏も、その会社設立趣意書で、そのように企業の存在目的を謳っている。社会の健全な発展を担う企業の今と将来を支援するのが、本来の株主ではなかったのか。ここにも拝金主義の〝日経脳〟がはびこるようになった、近年の日本社会の縮図が見える。

現象と本質の両方への同時対応が必要なことと同じで、拝人主義と拝金主義の両方、すなわち人と金の両方への同時対応が必要である。しかし、どちらが先かと問われれば、人が先で金が後になる。その逆は成立しない。金を作るのは人だからだ。

近年の日本の国際的な経済戦は、70年前の日本敗戦の状況に酷似しているようだ。筆者は戦争擁護論者ではないが、大量の資金を投入して小型、高性能、高信頼性の真空管を長期にわたり開発していた米軍は、新開発の真空管を使ってエレクトロニクス技術の粋を集めた新型レーダーや測距制御デバイスを開発し、ひたすら精神論を強調し続けていた日本軍を壊滅させてしまった。ここでも長期戦なら明日の利益を追う本質重視の投資（今の損失よりも将来の利益）、短期戦なら今日の利益を追う現象重視の回収（将来の損失よりも今の利益）という原理原則が生きている。

技術内容を判断する能力がなければ、想像容易で陳腐なアイデア（思いつき）に国や企業の資金を投入することになる。人的資源を活かそうとしなかった軍参謀の独善と過信が、そのまま人的資源を活かそうとしない近年の国内ブラック企業経営者の姿に重なる。人を兵器の一部だと考える昔の軍事主導の世界が、人を機械の一部だと考える今の経済主導の世界にコピーされていく。

日本が世界に誇る八木・宇田アンテナ（一般的なテレビアンテナ）の開発にも、トランジスターの開発にも、技術開発を助ける善意の資金援助者がいた。それが昔の日本である。それこそが、カネのリターンを期待しない、まっとうな投資家の姿である。経済や効率を優先させることなく、安全や環境に配慮し、国民の生命と財産と生活を地道に守ること、それこそが、自己の保身を考えない、まっとうな政治家の姿である。

今の日本は、過去の敗戦の失敗と同じ轍を踏みながら、第二の敗戦に突入しているのではないだろうか。２００万人を超える戦死者を出しながら、偽りの大本営発表を繰り返し、日本国の頂点で生きていた多くの軍参謀たちの姿……それが数万人の社員を切り捨てながら、業績の下方修正を繰り返し、数億円の高額報酬を奪い続ける近年のソニー経営者の姿にだぶってしまう。

２００７年12月、ソニーは９９４の連結子会社を傘下に置く巨大なコングロマリット

（複合企業）になった。そのなかでも業績で目立つのが、モノを造らない金融業の銀行と保険である。法律依存の虚業（ルールビジネス）の銀行や保険には、ルールに依存した利鞘で高給を食む上級社員と現場で機械的な仕事をする下級社員の身分差別が必ずある。そして上級社員の手足となる下級社員は、生かさず、殺さず、の扱いになる。そんな身分差別がソニーの本業の製造業（ヒト・モノ・カネビジネス）に持ち込まれると、製造業が崩壊してしまう。製造業には機械的な仕事よりも人間的な仕事が必要だからだ。経営者のピンハネも必要ない。

平井氏は、ソニー社長兼ＣＥＯ（最高経営責任者）に就任して間もない２０１２年４月12日、同年度から始まる３か年の中期計画を発表した。そこで示された達成目標は、最終年の２０１４年度の連結業績（グループ）にして、売上高８兆５０００億円、営業利益率５パーセント以上、ＲＯＥ（株主資本利益率）10パーセントだった。エレクトロニクス事業に限れば、売上高６兆円、営業利益率５パーセントだった。

しかし２０１５年２月、それらの数値がすべて未達となる見通しが発表された。たとえば、連結業績の売上高は８兆円、営業利益率は０・３パーセント、ＲＯＥがマイナス７・４パーセントである。しかも最終損益は、２年連続で１０００億円を超える赤字になり、１９５８年の株式上場以来、初めて無配に陥ることになった。それでも経営者の経営責任は問われない。

本書の第2章から第5章で、経済とは何か、また経営とは何か、を述べてきた。ソニー最大の過ちは、出井氏以降の経営陣（取締役）が経済と経営の本質を知らず、自分で意識していたかどうかは別にして、結果的に自分の私利私欲で動いてしまったことだろう。ものごとの根幹（原理原則）を忘れて、その枝葉末節を議論してはいけない。日米の著名大学の有名教授が説く経済学や経営学の諸説にかぶれるよりも、欧州や中国の偉人が残した哲学書や思想書に親しんでほしい。

2015年6月、ソニーの社内取締役が平井氏と吉田《よしだ》憲一郎《けんいちろう》氏の2人になった。しかし、執行役と業務執行役員、グループ役員の総数は40名である。取締役会の密室化による独裁政治と上級社員のさらなる階層化による無責任経営（丸投げ体制）が続く。出井氏が言った「統合と分極の経営」、すなわち「密室の独裁政治と丸投げの無責任経営」は、平井氏が言う「求心力と遠心力の経営」に、そのまま引き継がれている。まことに残念でならない。

現副社長の一人は、本社食堂のサラダバイキングが従量課金制になったとたん、サラダバイキングに並ぶ列がなくなり、サラダ盛り付け競争がなくなったことを受けて、以前のサラダ盛り付け競争のことを「みっともない！」、「自分さえよければいいのか？」などの言葉で批判する。また、「このような人達は社会人としての常識やほかの人達との調和・協調を学ぶことはなかったのだろうか」とも言う。それは、そのまま現経営陣に返すべき

表 11：ソニーの執行役（2015 年 6 月 23 日付）

＜執行役（6 名）＞

平井　一夫＊	代表執行役　社長 兼 CEO
吉田　憲一郎＊	代表執行役　副社長 兼 CFO
鈴木　智行	執行役　副社長
神戸　司郎	執行役　EVP
今村　昌志	執行役　EVP
石塚　茂樹	執行役　EVP

＜業務執行役員（16 名）＞ソニー本社の事業を担当する EVP1 名と SVP15 名

＜グループ役員（18 名）＞ソニーの関連会社の事業を担当する 18 名

CEO：Chief Executive Officer

CFO：Chief Financial Officer

EVP：Executive Vice President

SVP：Senior Vice President

＊平井氏と吉田氏の 2 人が取締役を兼務する。

批判の言葉ではないだろうか。

さらに現ＥＶＰの一人は、その昔に筆者が社外へ発表するために書いた文章を意味不明のつたない日本語に修正してくれた。内容が理解できなかったからだろう。これらが赤字経営を続けるソニー本社の経営幹部の仕事なのだろうか。ソニーが発表する経営計画は、ソニーの社長報酬と同じである。何の根拠もない。ストリンガー氏の報酬は8億円程度だったのに、ストリンガー氏を超えるべき平井氏の報酬は4億円程度である。いったい、誰が何の根拠で、その金額を決めたのだろうか。平井氏の報酬が4億円なら、その仕事ぶりからいって、ソニーのヒラ社員の報酬も4億円になるのが妥当だとなるのかもしれない。

白地に赤い日の丸が染め抜かれた日本の国旗は、限りなくシンプルで美しい。青地に白いＳＯＮＹのロゴが染め抜かれたソニーの社旗も、限りなくシンプルで美しい。どちらも、日本が世界に誇るべき優れたデザインだと思う。その旗に込めた筆者の熱き想いは、幼いころから今でも変わらない。戦後の復興期に見せた日本とソニーの栄光の歴史——奇跡的な復興を遂げた国家と奇跡的な発展を遂げた企業……組織トップの私利私欲と無能無策が原因で、その歴史を途絶えさせないでほしい。

ソニー失敗の総括

出井ソニーは「経営と執行の分離」を掲げ２００３年に委員会等設置会社に移行した。取締役会のメンバーの大半を社外取締役に入れ替えて、ガバナンスを強化した経営体制に移行したかのように見えた。したがって、この改革は当時の新聞や雑誌などのメディアから、今後の日本企業経営の手本として絶賛されていた。

しかし、それは実際とは違っていた。出井氏は、自分が導入した社外取締役を中心とする経営体制を利用して、組織運営を私物化してしまった。その組織運営の私物化は、やがて報酬の私物化や人事の私物化——企業の私物化として視認されるようになっていく。経営陣が企業を私物化し、それで私腹を肥やし、ソニーは転落の一途を辿ることになったのだ。

出井氏は、自分の経営者としての話題性を高めるために、ソニー社外取締役として有名人を迎え入れた。その社外取締役を中心とする経営体制を使いながら、ソニーの経営を私物化していった。また、世間の話題性を高めるために、社外取締役に日本の著名経営者を次々と誘い込んでいった。日産のカルロス・ゴーン氏、トヨタの張富士夫氏、富士ゼロックスの小林陽太郎《こばやしようたろう》氏、オリックスの宮内義彦氏、中外製薬の永山治《ながやまおさむ》氏、ベネッセの原田《はらだ》泳幸《えいこう》氏（いずれも当時）など、財界や業界の有名人が社外取締役に名を連ねていた。

そのような人物が社外取締役としてほんとうに機能するものなのだろうか。答えは否である。他社企業のトップが、ソニーの経営に関与する十分な時間など取れるはずがない。また、ソニーの経営に自分の進退を預けるような必要性を感じるはずがない。だから社外取締役は当然、トップの企業私物化の一翼を担うことになる。

無意識だったとは思うが、このような企業私物化は、出井氏の狙いどおりだったのではないだろうか。日産のゴーン氏のソニー社外取締役登用は、当時の日本企業としては破格のゴーン氏の報酬を知った上で、出井氏が自らの報酬額を数億円単位にアップさせるために実行したものだろう。さらに人事権を会長と社長の2人で私物化することで、ストリンガー氏から平井氏へと自分の子飼いを後任に据えて、グループ内世襲という悪しき習慣をソニーに根づかせてしまった。その結果、たった1人の人間が闇の権力を保ちつつ、20年（経営者3代）にわたって企業の私物化を続けることになった。

サイコロを振って決めるリストラ対象者

ソニーの経営者の理解力とは、どんなものだろうか。ソニー最後の異端児と呼ばれた近藤哲二郎氏という人がいる。もうソニーを退職しているが、画像関連技術を開発していたA^3（エー・キューブド）研究所の所長を務めていた人だ。この人には「話してもわからないから、話をしない」と「サイコロを振って、リストラ対象者を決める」という趣旨の発言がある。これを尊大な態度であり、暴論のリストラ論であるという人は多い。しかし、その発言の本音が、ソニーの現状を物語っている。

もしも経営者が幼稚園児だったとしたら、あなたは自分が開発した技術を懸命に説明するだろうか。もちろん、話しても相手は何も理解できない。彼の言葉は、絶望のなかから発せられたものだ。もしも経営者が優秀な技術者を選んでリストラし、無能な側近を選んで残したとしたら、企業はどうなるだろうか。もちろん、企業は潰れる。それならサイコロを振ってリストラ対象者を選べば、一定の割合で優秀な技術者が残る。彼の言葉は、やはり絶望の中から発せられたものだ。ただし彼は、ソニーの根本問題を引き起こした経営者が誰なのか、最初はわからなかったように思う。泥棒の所業を訴えるときに、その泥棒の元締めに訴えてはいけない。

ソニーの近年の純損益推移

表12に最近15年間のソニーの純損益推移と関連イベントを示す。赤字垂れ流しの状況においても、出井氏から続くストリンガー氏や平井氏へと、億単位の報酬が続いている。無配転落をしても、大勢の社員をリストラしても、経営者の高額報酬という非常識が続いている。

出口の見えない業績悪化の中で、ふつうの上場企業ならとっくに辞任に追い込まれているであろう平井ＣＥＯのクビに、誰も鈴をつける者などいない。また、その後継者も育てられていない。このような状況を看過している社外取締役は、まったく機能していない。家族（自分が勤務する会社）を持ちながら、自己犠牲を強いて他人（ソニー）に尽くすような愛情を社外の人間に期待することが、どれほどばかげていることか、誰にでもわかることではないだろうか。

近代企業経営とは、先人が蓄積した資産を食いつぶすことなのだろうか。表12の金額が示すとおり、この10年間にソニーは本業以外で１兆円を軽く超える資金の捻出に成功している。恐ろしく空虚で巨大な金額である。表12からは見えないが、栄光のソニーを破壊した種のすべてが、出井氏がソニー経営者だった10年間に蒔かれている。ソニー事業所の閉

表12：ソニー15年間の純損益推移（3月決算：前年度分）　▲は赤字

2015年	▲1260億円	4月 オリンパス株式売却（468億円）
		6月 公募増資と転換社債型新株予約権付社債発行（4400億円を調達）
2014年	▲1284億円	2月 米グレースノート社売却（176億円）
		4月 スクウェア・エニックス・ホールディング株式譲渡（譲渡益48億円）
		4月 旧本社NSビルと御殿山4号館売却（161億円）
		4月 御殿山5号館売却（70億円）
		7月 パソコンのバイオ事業を売却（推定500億円）
		9月 ソニーシティ本社ビル売却（528億円）
2013年	415億円	1月 ニューヨーク本社ビル売却（1048億円）
		2月 ソニーシティ大崎売却（1111億円）
		3月 DeNA株式売却（409億円）
		9月 エムスリー株式売却（378億円）
		12月 スカパーJSATホールディングス株式売却（152億円）
		12月 ソニー美濃加茂売却（金額不明）
2012年	▲4550億円	**平井氏が社長に就任**
		9月 ケミカルプロダクツ関連事業売却（573億円）
2011年	▲2613億円	9月 ソニー一宮跡地売却（推定40億円）
2010年	▲408億円	
2009年	▲989億円	**ストリンガー氏が社長を兼任**
2008年	3694億円	3月 ベルリンのソニーセンター売却（推定1000億円）
2007年	1263億円	
2006年	1236億円	12月 マネックス・ビーンズ・ホールディングス株式売却（251億円）
2005年	1638億円	**ストリンガー氏が会長兼最高経営責任者（CEO）に就任**
2004年	885億円	
2003年	1155億円	
2002年	153億円	
2001年	168億円	

注記：数字は推定または目標、概数を含む。
　　また、多数の地方工場や保養所の売却の多くは本表に含んでいない。

鎖や売却の連鎖は、2000年のソニー中新田の売却から始まる。ソニーの製造技術力の低下は、日本国内の13生産事業所を統合した、2001年の組立系設計・生産プラットフォーム会社「ソニーEMCS」の設立から始まる。ソニー所有不動産売却の闇の歴史は、2004年の心斎橋ソニータワーの売却から始まる。その売却先は、取締役の面々が出井氏の仲良しグループで、今のソニーと経営上の類似点が多い、アーバンコーポレイション（現在は清算済み）だった。

実業とはモノづくりのことである。モノづくりなくして、銀行や証券などの虚業は成立しない。ソニーのブランドを残すには、センサー、半導体、電池（エネルギー）、アクチュエーター（モーター）の基礎開発を続けながら、再起を考えることだ。検知、処理、電源、動力の技術は、人間の五感を代行してくれる。そして新しい技術により新しい製品を世に問うという、ソニースピリットを取り戻すことである。かつてソニーは、他社の追従を許さない、世界的に技術の先端を行く企業だった。ソニーの技術力をひと言でいえば、半導体（トランジスター）の開発に尽きる。それが従来のラジオやテレビ、オーディオテープレコーダーやビデオテープレコーダーを小型化した。その半導体事業も、ディスクリートの半導体にこだわり、大規模集積回路（LSI）の開発で出遅れ、デジタルカメラの眼の電荷結合素子（CCD）にこだわり、CMOSの開発で出遅れてしまい、他社特許を多数使う事態になった。筆者なりに整理した、ソニーの今後の姿を以下に示す。

ソニーの今後の姿

・音楽、映画、ゲームなど、国際事業の規模を整理して、長期的に見て確実な黒字体質にしておくこと。それらの事業規模を拡大しないこと。
・企業の安定性を確保するには、保険、銀行など国内事業の規模を整理して、官公庁と良好な関係を維持しておくこと。医療分野への進出は、行政との関係構築が重要になる。
・ゲーム、スマホなど、すべてのエレクトロニクス関連商品事業をすべて切り捨てて、モノづくりの技術開発としての素材研究開発と部品製造販売に特化すること。そこに他の黒字化事業の経営資源を注入しながら、将来の垂直統合型企業（素材、部品、機器、システム）への回帰に備えること。
・部品事業とは、センサーや撮像素子（入力）、制御プロセス（ソフトウェアや半導体）、アクチュエーターや表示素子（出力）、電源（各種発電素子や電池）の四位一体の技術であり、その技術開発の灯を消さないこと。企業や国家にとって、優れた技術は攻撃と防御の不可視の武器である。

投資対象（企業経営のタネ）の重要性の順番は、一にヒト（人材）、二にモノ（技術）、三にカネ（組織）である。その重要性の順番を逆転させているのが最近の日本や米国、中国である。その過ちの報いを受けるべき日は、そう遠くないうちに迎えることになるだろう。

自分だけ良ければ、それで良い。後のことは関係ない、他人のことも関係ない……それはまともな経営者の姿ではない。すべての組織は公器である。社会的な存在の企業は社会の公器であり、株主や経営者など、一部の人の私器ではない。社会に貢献するために社員が働いている。会社には社員がいて、その社員の家庭には家族もいる。だから、ゲーム感覚で企業を経営してほしくない。

戦後日本の成功の象徴として、最先端の経営を実践していたソニーであるが、今年になって1958年の上場以来初の無配に転落した。世界の最先端を走っていたソニーが、出井氏が社長の時代から何年も、赤字を垂れ流しながら無残な姿をさらしている。その見せかけの出井改革を賞賛した人は多い。

なぜこんなことになったのだろうか。それは出井伸之社長の時代の機構改革に端を発している。1995年から2005年までの出井氏が社長と会長を務めた時代は、前半と後半でくっきり明暗が分かれているという人が多いが、実はそうではない。一貫して衰退への道を歩んでいるのだ。前半ではヒット商品に恵まれているが、それは出井氏が指揮をして実現したものではない。先人の大賀氏が指揮をとっていたものが開花したのだ。アイデア商品は別にして、ふつうの商品には、その仕込みの時間が要る。

その前半の時期に出井氏がしたことは、執行役員制度の導入、製造部門の子会社化など、組織をいじくることだった。それで日本経済界のリーダーとしてマスコミから称えられた。また、出井氏は英語が流暢だといわれているが、英語ができる人間から見たら、決して英語に堪能だとは思えないだろう。

出井改革の最大の問題は、監督と執行の分離である。1997年のことだが、ソニー取締役の全員が突然、解任され、執行役員という新しい肩書を与えられた。社員から昇格した取締役のほとんどが業務を監督する執行役にされてしまったのだ。彼らは商法上の取締役ではなくなった。第4章で説明したように、取締役は社長を監視する人ではない。取締役は社長と共働する人たちであり、社長は取締役会の方向性を維持する人である。そのような仕事は能力不足の社外取締役では務まらない。

取締役とは、会社に関することを決定する権利が与えられ、会社の運営を管理する権力を持つ人のことである。取締役会とは、英語でBoard of Directors（BODs）と呼ばれるように、そういう人たちのグループのことである。そんな管理者に、日本語の「取締役」は似合わない。執行役員制度の導入で監督と執行を分離した後のソニー取締役は、ＣＥＯの好みで選ばれ、株主に承認された人たちだ。そうなれば、実質上、経団連など社外組織の仲間が中心になる。そうなると、取締役会が密室経営の巣窟と化してしまう。

２００５年、ソニー会長兼ＣＥＯの出井氏は、満身創痍で退陣することになる。世界の株式相場暴落の原因をつくった２００３年の〝ソニーショック〟以来、ソニーの出井改革の悪影響が見え始めて、出井氏の能力の本質が見えるようになったからだ。出井氏に退陣を迫ったのは出井氏がつくった取締役会の指名委員会だった。しかし、出井氏は決して解任されたのではない。その指名委員会の決定を上位の取締役会で覆せない仕組み……それが出井氏の誤算だったのだ。出井氏は、すでに述べた「子飼いのストリンガー氏を後継に据える自爆テロ」で、その急場を凌いでいる。

取締役会において解任されたＣＥＯが、自ら後継者を指名することなど、ふつう考えられないことだ。過去の他社取締役会クーデターの事例では、第一の選択が前任者の息がかかっていない社内取締役を昇格させることであり、どうしても仕方がない場合の第二の選択が旧弊を一掃できる経営者を外部から招聘することである。

したがって、出井氏を継ぐストリンガー体制が、出井氏の経営を否定することは考えられない。出井氏を継いで会長兼ＣＥＯになったストリンガー氏はサイロ（縦割り組織）を破壊すると意気込んでいた。しかし、社長が組織全体を把握していれば、組織内にサイロなど存在しようがない。また、エレクトロニクス部門の経営は、まったく経営センスに欠ける中鉢良治氏に丸投げされていた。

残念なことに、出井氏自身がソニー社長としての力量の乏しさを実感していたとは思えない。経済学者の理論に陶酔し、絶え間ない構造改革を実施し、華やかなビジョンを示すことで自己満足に陥っていたからだ。会社を私物化したサラリーマン社長は、自分の子飼いを後継指名して影響力を保ち続ける。グループ内の禅譲である。出井氏は子飼いのストリンガー氏を後継者として指名し、ストリンガー氏は子飼いの平井氏を後継者として指名した。そのような情実人事がまかり通るソニーの病巣を最初に生み出したのが出井氏なのだ。

２０１４年、子会社のソネットから呼び戻されて平井氏の右腕になった吉田憲一郎氏は、出井ＣＥＯ時代に社長室長を務めた出井氏の子飼いである。「吉田を戻せ」と平井氏にアドバイスしたのは出井氏だといわれている。出井氏の時代以降、企業ガバナンスが崩壊し、同じような経営が続けられている。そんなソニーが、真の改革に向けて踏み出せる可能性は皆無に近い。

事業の先を読めない経営者ほど、社員にとって迷惑な存在はない。不確定要素が大きい、半年先のパソコン事業の売却。それに加えて、技術者の心情を軽視したテレビ事業の分社化。これら一連の事業構造改革の事前発表は、事業改善への意欲を少しでも世間に見せて、それなりに株主の評価を得て自社の株価を支えたい……その一心からだったのだろう。株価操作への話題提供が目的なら寂しい話になるが、ソニーは、そこまで追い詰められているのだ。

ソニーのニューヨーク本社ビルとソニーシティ大崎ビルは、それぞれ約１０００億円で売却された後も、高い家賃を払いながら、そのままソニーが借用している。つまり、ソニーが売却で得た資金を売却先へリベートとして還元する仕組みだ。赤字企業がとるべき方策なら、売り切りにして家賃の安いところへ移転することになる。安く売って、その実は高く売れたように瞬間的に見せて、営業利益が改善したように見せる、それも寂しい話だ。テレビ事業も含めて、事業売却のリベートが誰に流れるのか、それもソニーの今後を判断する材料になるだろう。

いつまでも続く高額の社長報酬と、いつまでも続く大量の社員のリストラ。そういうソニーの非常識を考えると、出井社長時代からの歴代の経営者（ＣＥＯ）の非常識を許してきた歴代の社外取締役も同罪であろう。事業改革とリストラで、ひとまずソニーがふつうの会社になる、という平井社長の２０１５年の発言は空想にすぎない。夢と希望が残る会社なら、ふつうの会社に戻ることができる。しかし、夢と希望を失った会社には、ふつうの会社に戻るべき道が残されていない。

「田を耕すは一年の計、木を植えるは十年の計、人を育てるは百年の計」という言葉が意味するとおり、経営者が選ぶべき後継者は、身近の候補者から選んではならない。10年以上の歳月をかけて育てるべき対象だからだ。また、経営者の身近には、仕事をしない〝ゴマすりが多いことにも注意が必要だろう。毎日、汗して働く人間は、いつも現場にいて経営者の目には留まりにくい。

ソニー創業の精神（ソニーホームページより引用）

ソニーは井深大氏と盛田昭夫氏という2人の創業者の絶妙なコンビで育ってきた会社である。その井深氏と盛田氏も、最初から偉大な経営者であったわけではない。彼ら自身も、自分たちが創業したソニーという会社に育てられていた。

時代が移るとも、ソニー創業の精神は、これからも継承されるべきものであろう。第6章の最後に、井深氏が残したソニー創業の精神を揚げる。

□会社設立の目的

一、真面目なる技術者の技能を、最高度に発揮せしむべき自由闊達にして愉快なる理想工場の建設

一、日本再建、文化向上に対する技術面、生産面よりの活発なる活動

一、戦時中、各方面に非常に進歩したる技術の国民生活内への即事応用

一、諸大学、研究所等の研究成果のうち、最も国民生活に応用価値を有する優秀なる

ものの迅速なる製品、商品化
一、無線通信機類の日常生活への浸透化、並びに家庭電化の促進
一、戦災通信網の復旧作業に対する積極的参加、並びに必要なる技術の提供
一、新時代にふさわしき優秀ラヂオセットの製作・普及、並びにラヂオサービスの徹底化
一、国民科学知識の実際的啓蒙活動

□**経営方針**

一、不当なる儲け主義を廃し、あくまで内容の充実、実質的な活動に重点を置き、いたずらに規模の大を追わず
一、経営規模としては、むしろ小なるを望み、大経営企業の大経営なるがために進み得ざる分野に、技術の進路と経営活動を期する
一、極力製品の選択に努め、技術上の困難はむしろこれを歓迎、量の多少に関せず最も社会的に利用度の高い高級技術製品を対象とす。また、単に電気、機械等の形式的分類は避け、その両者を統合せるがごとき、他社の追随を絶対許さざる境地に独自なる製品化を行う
一、技術界・業界に多くの知己（ちき）関係と、絶大なる信用を有するわが社の特長

を最高度に活用。以（もっ）て大資本に充分匹敵するに足る生産活動、販路の開拓、資材の獲得等を相互扶助的に行う

一、従来の下請工場を独立自主的経営の方向へ指導・育成し、相互扶助の陣営の拡大強化を図る

一、従業員は厳選されたる、かなり小員数をもって構成し、形式的職階制を避け、一切の秩序を実力本位、人格主義の上に置き個人の技能を最大限に発揮せしむ

一、会社の余剰利益は、適切なる方法をもって全従業員に配分、また生活安定の道も実質的面より充分考慮・援助し、会社の仕事すなわち自己の仕事の観念を徹底せしむ。

技術開発から商品開発、内外の営業拠点設立へと、前人未到のビジネスの道を歩んでいたソニー。次から次へと果敢に新しいビジネスに挑み続ける創業者たち……ソニーへの愛憎に関係なく、〝ＳＯＮＹ〟のロゴの下で働くすべての者が、井深・盛田学校に学びながら栄光の歴史を刻んでいたソニー。それが１９９３年までの井深氏と盛田氏の時代のソニーである。

人が人を育て、その人がカネを生む。また、人が機械を造り、その機械がカネを生む。しかし、カネが人を生むことはない。事業の継承とは、「経営者という人の継承」のこと

である。引き継いだバトンは、その走者を超えるべき次の走者に渡さなければならない。企業の伝統とは、「事業革新の連続」のことである。引き継いだ事業は、その事業を超えるべき次の事業へと繫がなければならない。それが企業や国家の生命を永遠に支えるための原理原則である。

どんなベンチャー企業でも、いつまでも量的な拡大を続けることはできない。いつしか迎える肥大化の問題を忘れて社員を大量採用し、組織を拡大して自分の給料を上げて、それで喜ぶサラリーマン経営者は多い。企業の肥大化は、やがて企業内の人と金のバランスに矛盾をもたらし、そこで働く人を不幸にしてしまう。

完璧な理想企業であることは不可能であっても、その理想企業に限りなく近づくという、日々の努力を怠ってはならない。ちょうどよい大きさの企業、小さいなりに幸せな企業、従業員とともに成長する企業、そんな企業が働く人を幸せにする。それが会社設立趣意書に記された理想企業ソニーの姿である。今となっては百年の時がかかるだろうが、そんな輝き続けるソニーに立ち戻ってほしい。

あとがき

若いころの筆者は、赤貧のなかで波乱万丈の青年期をすごした。新聞配達員に始まり、パチプロ、パチンコ店員、レストランのウェイター、キャバレーのボーイや電気係員、キリトリ（債権取立）屋、半極《はんごく》（ヤクザもどき）、トラック運転手など、口には出せないような仕事も含めて、さまざまな仕事を経験した。サラリーマンとしては、東京航空計器、日本光電工業などに勤務した後、１９７０年、ソニーのアフターサービス子会社の大阪支所に入社した。そこに就職する前は、プロのミュージシャンとして、大阪道頓堀の大型ナイトクラブ、クラブミナミのフルバンドでドラムスを担当していた。

入社後は転勤に続く転勤だった。大阪、和歌山、滋賀、群馬で勤務し、2府8県にわたって1万軒を超える顧客の家を訪問し、ソニー製品を修理した。その後、東京のソニー本社へ出向し、そこからベルギー、ドイツに駐在した。帰国後は、石川、京都、東京へと転勤を続け、内外の技術者を対象にした技術研修講師の職を経て、１９８６年、ソニー本社へ転籍し、人事本部（初代リストラ部屋の能力開発部）、商品戦略本部、法務・渉外部門、コーポレート・テクノロジー部門など、本社中枢部門で働いた。また、兼務で法人団体にも勤務し、国際標準化関連の仕事を担当し、世界中の32か国を訪問した。

ソニーでは、大きな業績を3回残して、それで降格を3回（本社課長補佐から子会社ヒラ社員へ、子会社課長補佐から本社係長へ、本社課長から本社課長代理へ）経験した。また、辞表を2回出して、それで大きな昇格を2回（本社係長から本社課長補佐へ、本社課長から本社部長補佐へ）経験した。やはり波乱万丈のソニー勤務だったと思う。その勤務の間、三足の草鞋を履いて20年、人を使う自営業も経験した。そして、その波乱万丈の人生経験が、筆者に人と組織の本質と現象を見分ける目を育ててくれていた。

井深大氏が社長の時代から、大賀典雄氏がソニーの最高経営責任者（CEO）になるまで、筆者はソニーの成功から学び続けた。そして、それ以降の失敗からも学び続けることができた。それは自分がすでに様々な経験を積んで自立し、ソニーでも成功体験を積んでいたからだ。だから、ソニーの失敗からも学ぶことができた。失敗体験と成功体験の繰返しと積み重ねで、人は学習し成長していく。最初からずっと失敗の渦中にいれば、そこからは何も学ぶことができない。

人や企業の善行は人の善意で決まる。決して報酬で決まることはない。報酬に釣られて善行をする人はいない。善行とは違い、人や企業の悪行は報酬で決まる。正義は金にならないが、不正は金になる。正の報酬（私利）に釣られて悪行をする人は多い。負の報酬

（罰金）を恐れて悪行をしない人も多い。それが人の行動と報酬の関係を語る原理原則である。企業経営失敗の原因を突き詰めると、それは事業戦略の誤りや事業環境の変化のせいではなく、ほとんどが企業経営者の金銭感覚の麻痺と倫理観の欠如に起因する人災であることがわかる。それと同じことが、国家経営と国家経営者（政治家）の関係にもいえる。

人間の行動を長期にわたり観察すると、人間が権力を求める存在であること、権力を握った人間は倫理観が欠如しがちになること、倫理観が欠如した人間（権力者）は必ず腐敗すること、そういう原理原則が見えてくる。それが貨幣社会を実現させ、その貨幣社会に生きる人間の本性である。金銭感覚が麻痺し、倫理観が欠如した企業や国家は、やがて滅びていく。しかし、無為無策のまま、それまで座して放置しておくべきなのだろうか。金銭感覚が麻痺し、倫理観が欠如した人も、やがて消えていく。しかし、無為無策のまま、それまで辛抱して待つべきなのだろうか。

組織として持つべき三欲（食欲・性欲・雑欲）を組織内の個人の三欲に変えてはいけない。それでは組織が破壊されてしまう。時が移ろい、世代が交代し、人間が引き起こしたすべての不祥事が風化していく。黙っていれば、相手を認めたことになる。声を上げなければ、なかったことにされる。そうは言っても、自分が経済的に依存している組織のトップを相手にして声を上げること、まして自分を支配下に置く権力者を相手にして声を上げること、それは凡人にとって難しいことだろう。だが、それをしなければならないときもある。そうしないと、組織もろとも自分自身と仲間が滅びてしまうからだ。

食べられなければ人は生きられない。だから職と金が要る。それでも、人生とは、企業経営とは、拝金至上主義に生きることではない。あなたが働く組織を統治するトップや上司は大丈夫だろうか。あなたは日本国を統治する政治家の選挙に毎回、投票しているだろうか。人間の本性は変えられない。だからこそ、倫理観が欠如した人間を意識的に権力側から排除し続けなければならない。それが組織や国家の非権力側に立つ人間の最低限度の責務である。その責務を担うべき人間には、まっとうな教育が欠かせない。試行錯誤と波乱万丈の青年期を経て23歳でソニーに入社し、そして試行錯誤と波乱万丈の40年間のソニー勤務を終えて68歳になった今、つくづくとそう思う。

近年、先進国の富者《ふしゃ》の特徴が、富者と貧者《ひんじゃ》の永遠の二階層隔離化という、矯正不可能なエゴイズムになったような気がしてならない。富者は貧者に対して二つの義務を負う。その一つが自立への教育（本質）であり、もう一つが物資への支援（現象）である。それは大人と子どもの関係でも同じことだ。父母のない子どもには、その代理が要る。貧困に生まれた子どもの育成は、社会が責任を負う。それが道理である。それと同様に、入社した若者の育成は、会社（経営者）が責任を負うべきだろう。育てた人材が、技術を生み、技術を活かし、組織を作り、組織を活かす。そうして活性化された技術と組織が経営を可能にする。世代が交代しても、技術と組織のＤＮＡは脈々と次代へ引き継がれる。それが寿命無限であるべき企業や国家と、その企業や国家を構成する寿命有限の人間との関係を語る原理原則である。

21世紀の今、社会へと巣立つ若者に未曾有《みぞう》の試練が待ち受けている。人間を道具として使い、そして捨てる……そんな無節操かつ独善的な人たちが動かす名ばかりの民主国家になり、そんな経営者や政治家の下で生きていくことになるからだ。貧乏のどん底から幾多の種類の仕事を経験してきた筆者だが、これからの社会を生き抜く知恵を若者に伝え残すこと、それが最後の仕事になった。本書の終わりに、明治時代の初期に日本初の官制学校、札幌農学校で学び、日本の農業振興に貢献した、筆者の祖父『河村九淵《かわむらちかすえ》』が、農業を学ぶ後進たちに残した言葉「其《その》手足を低き地に働かし、心を高き天に置けよ」を読者に贈る。

著者略歴

1947年、山口県に生まれる。桜美林大学大学院（経営学研究科）特任教授。東京工業大学や関西学院大学の大学院非常勤講師、経済産業省主催の人材育成講座主任講師なども務めている。1970年にソニーに勤務し、スタンダード戦略グループ・ダイレクターの職を最後に2010年に自主退社。ソニー在籍中から技術標準化分野で活躍し、国際標準化機関の審議過程で、欧米企業から意図的に排斥された日本発技術の数々（デンソーのQRコード、JR東日本のスイカ、東京電力のUHVなど）を逆転勝利に導いた実績で知られる。「失敗しない交渉人」の異名を持ち、2008年には国際標準化活動への功績により内閣総理大臣表彰を受けた。

著書には『国際ビジネス勝利の方程式　「標準化」と「知財」が御社を救う』（朝日新書）、『ソニー失われた20年　内側から見た無能と希望』（さくら舎）などがある。

ソニー　破《は》壊《かい》者《しゃ》の系譜《けいふ》
——超優良企業《ちょうゆうりょうきぎょう》が10年《ねん》で潰《つぶ》れるとき

二〇一五年一二月七日　第一刷発行

著者　原田《はらだ》節雄《せつお》

発行者　古屋信吾

発行所　株式会社さくら舎　http://www.sakurasha.com
東京都千代田区富士見一-二-一一　〒一〇二-〇〇七一
電話　営業　〇三-五二一一-六五三三　FAX　〇三-五二一一-六四八一
編集　〇三-五二一一-六四八〇　振替　〇〇一九〇-八-四〇二〇六〇

装丁　石間　淳

写真　共同通信社＋さくら舎

印刷・製本　中央精版印刷株式会社

ISBN978-4-86581-036-3